JN028207

TOOL
ツール活用シリーズ

アマチュア無線で大活躍のRF測定器

NanoVNA
活用ガイド

アンテナからフィルタまで，高周波回路を測りまくり！

大井克己 著
Katsumi Ooi

CQ出版社

はじめに

2016年にedy555氏が開発して(https://ttrf.tk/tags/vna/), 2017年に, ミニチュア「ベクトル・ネットワーク・アナライザ」NanoVNA alpha1キットをオープンソースのDIYキット基板として領布したものがNanoVNAの原型です. その後オープンソース・ライセンスに基づいて色々なメーカーからNanoVNAが安価に出回るようになりました.

2019年には, NanoVNA-HシリーズやNanoVNA-Fタイプ等が順次開発されて, LCD画面もそれぞれ大きくなって見やすくなっています.

開発者のedy555氏を含めた(https://groups.io/g/nanovna-users)のForumにより現在進行形でアップグレードされています.

私は, 本著の件でedy555氏とメールで何回か打ち合わせをしましたが, その中で彼は「NanoVNAをオープンソースにしているのは, 学生や若いエンジニアの方々に役立つことを願っている」と表明されております.

〔**NanoVNAの特徴**〕 ※SDR(ソフトウェア無線)機器なので超小型化されています.
(1) 名刺(カード)サイズ(オリジナルのスクリーンが2.8インチタイプ)
(2) Touch LCD表示(タッチ・スクリーン対応)
(3) マルチレバー・スイッチ
(4) キャリブレーション・キット付属
(5) Li-ionバッテリー内蔵
(6) PCに接続しなくても, (2)(3)により本体のみでVNAの全メニューを操作できる. ここが最大の特徴です.
(7) USBで外部PCに接続した場合, VNAの操作と測定値の取得, バッテリー充電が可能になり, 使い勝手が格段に良くなります.

私は, (1)の大きさで, むき出しのプリント基板三段重ね構造が気に入っています. まさにSimple is bestです.

NanoVNAは多機能ですが, 一例として**写真A**のように, 本体のみで14MHz LPFの伝搬係数(S_{21})のフィルタ特性を測定できます.

VNA機能を必要最小限のパーツで手のひらサイズを実現した素晴らしい機器です. 私は, 測定器メーカーのVNA等を使用できる環境にいますが, このNanoVNAは準測定器と呼んでも良いと評価しています.

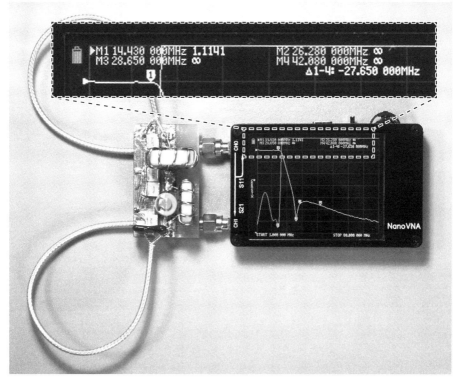

写真A　NanoVNAの活用例．このように，NanoVNA本体だけでフィルタ特性(S_{21})を測定できる

　急速に発展したSDR（ソフトウェア無線）機器等用のデバイスと，高解像度のTouch LCDとの組み合わせにより，このNanoVNAの原型を開発されたedy555氏に心より敬意を表します．

　なお，NanoVNAを快適に使用するためのアプリケーション・ソフトは下記です．
※NanoVNA-Saverは，下記からダウンロードできます．
　https://github.com/NanoVNA-Saver/nanovna-saver/tree/master/NanoVNASaver
※NANO-VNAは，下記からダウンロードできます．
　https://robs-blog.net/Files/Software/NANO-VNA.zip
※いずれも頻繁にアップデートされていますので，最新バージョンをご使用ください．

第1章

NanoVNAの準備

NanoVNA で測定を始める前に，NanoVNA のキャリブレーション(校正)と表示の設定を行います．
キャリブレーションは特に重要です．

1-1　キャリブレーション

測定器を使用する前に，測定誤差をできるだけ小さくするために校正(キャリブレーション)をします．

NanoVNAのキャリブレーションは，スミス・チャート上の正規化インピーダンスを，SHORT(0Ω)，LOAD(50Ω)，OPEN(∞)の3点で行います．

NanoVNA付属のキャリブレーション用コネクタ，OPEN(∞Ω)，SHORT(0Ω)，LOAD(50Ω)用と，測定用同軸ケーブル2本，中継コネクタを使ってキャリブレーションを行います．

コラム——VIA機能とVNA機能

NanoVNAには，測定用端子が2つあります．CH0というポート1だけを使う場合と，CH0のポート1とCH1のポート2を両方使う場合があります．

● VIA(ベクトル・インピーダンス・アナライザ)機能
反射係数(S_{11})を測定する
　例えば，PORT1ポートだけを使用して，アンテナ等のインピーダンス特性を測定

● VNA(ベクトル・ネットワーク・アナライザ)機能
伝搬係数(S_{21})を測定する
　例えば，PORT1とPORT2を使用して，フィルタの特性を測定

(1)周波数範囲の設定

キャリブレーションの前に周波数範囲を設定します.

現在販売されているNanoVNAは,［RECALL 0］(Default)は,それぞれ機器の最大の周波数範囲が初期設定されています.

この状態は,スクリーン左端に小さく縦方向にアルファベットがC D R S T Xと並んでいる一番上のCの横に0と表示されています.

※C*(C0 ～ C4):CAL status,D:Directivity,R:Reflection Tracking,S:Source Match,T:Transmission Tracking,X:Isolationを表します.

〔設定方法〕

マルチレバーでも操作できますが,操作が手早いタッチ・パネルで説明します.

タッチ・パネルの右端をタッチすると,メニューが右端に表示されます.

①［STIMILUS］をタッチすると,次のメニューが表示されます.

②［START］をタッチすると,スクリーン下に数字が表示され,その表示の右端をタッチするとテン・キー表示され,［1, M］とタッチすると,1MHzが設定されて画面が戻ります(**写真1-1**).

③同じく［STOP］をタッチすると,スクリーン下に数字が表示されます.その表示の右

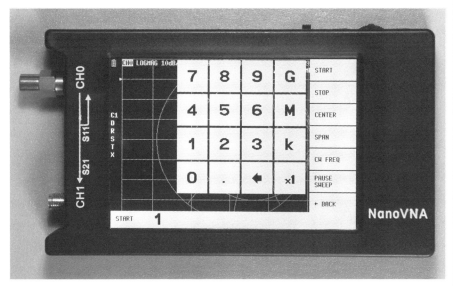

写真1-1　周波数範囲をテン・キーで設定する

端をタッチするとテン・キー表示されます. [3, 0, M]とタッチすると, 30MHzが設定され, 画面が戻ります.

(2)キャリブレーション

上記で設定した1MHzから30MHzの周波数においてキャリブレーションを行います.

①[タッチ・スクリーン右端]をタッチすると, メニューが右端に表示されます.

②[CAL]をタッチ. [RECALL]をタッチします.

③[CALIBRATE]をタッチすると[OPENからBACKまで]のメニューが表示されます(**写真1-2**).

④PORT 1(CH0)にOPEN(∞Ω)を接続して, 一番上の[OPEN]をタッチします.

⑤PORT 1にSHORT(0Ω)を接続して, [SHORT]をタッチします.

⑥PORT 1にLOAD(50Ω)を接続して, [LOAD]をタッチします.

⑦⑥のままで, PORT 2(CH1)に別のLOAD(50Ω)を接続して, [ISOLN]をタッチします.

※PORT 1とPORT 2に, それぞれにLOAD(50Ω)を接続した状態が最良ですが, LOAD(50Ω)が1個の場合, PORT 2は何も接続しない状態でもかまいません.

⑧PORT 1とPORT 2それぞれに付属の同軸ケーブルを接続し, 2本の同軸ケーブルを

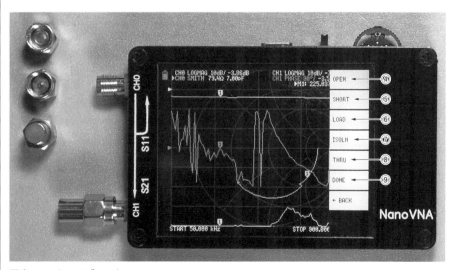

写真1-2 キャリブレーション・メニュー

中継コネクタで直結して，[THRU]をタッチします(**写真1-3**)．

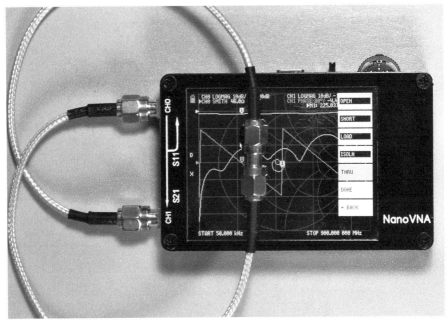

写真1-3 同軸ケーブルをCH0⇔CH1に接続して，THRUをタッチする

②[DONE]をタッチすると，キャリブレーション・データを補正演算して確定します．

③表示が替わり[SAVE 0]から[SEVE 4]までのメニューが表示されるので，この補正データを保存します．[SAVE 1]をタッチすると，このキャリブレーションが[SAVE 1]に保存されます．

(3)キャリブレーションの確認

キャリブレーション後，元の画面に戻ると，スクリーン下端左に[START 1.000 000 MHz]，スクリーン下端右に[STOP 30.000 000 MHz]と表示されます．

そして，スクリーン左端に小さく縦方向にアルファベットがC D R S T X と並んでいる一番上のC の横に1と表示されていることを確認します．

次に，スミス・チャート上の正規化インピーダンス(0, 1, ∞)，すなわちSHORT(0 Ω)，LOAD(50 Ω)，OPEN(∞)の3点が正常にキャリブレーションできたか確認します．

①PORT 1にSHORT（0Ω）を接続して，スミス・チャート上に唯一の抵抗直線の左端
にカーソルが有ることを確認します（**写真1-4**）.

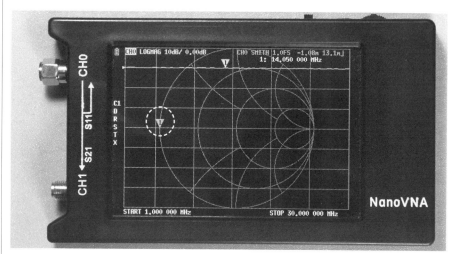

写真1-4　右端SHORT（0Ω）のマーカーを確認する

②PORT 1にLOAD（50Ω）を接続して，スミス・チャート上に唯一の抵抗直線の中央
にカーソルがあることを確認します（**写真1-5**）.

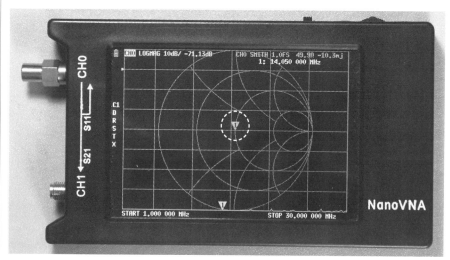

写真1-5　中央LOAD（50Ω）のマーカーを確認する

③PORT 1にOPEN(∞Ω)を接続して，スミス・チャート上に唯一の抵抗直線の右端に
　カーソルがあることを確認します(**写真1-6**).

この①②③が確認できれば，3点キャリブレーションは完了です.

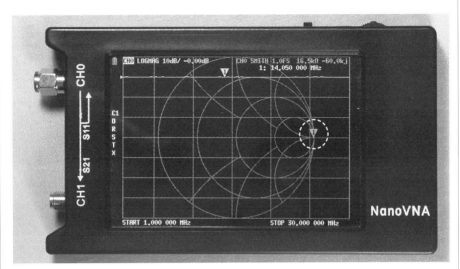

写真1-6　左端OPEN(∞)のマーカーを確認する

(4)LCR測定用冶具のキャリブレーション方法

第5章で説明します.

1-2　測定用同軸ケーブル

(1)測定用の同軸ケーブルの長さが重要

測定器に被測定物を直接接続して測定することはほとんどありません．測定器の特性イ
ンピーダンスに合った同軸ケーブルを介して測定するのが普通です.

同軸ケーブルを通して見た負荷のインピーダンスは，同軸ケーブルの長さにより変化し
ます．インピーダンスの特性を測定するときは，λ/2×Nの測定用同軸ケーブルを使いま
す．こうすることで，スミス・チャート上で負荷インピーダンスの軌跡が中途半端に回転
するのを防ぐことができます(厳密に言えば，周辺周波数で多少の誤差がでるが，これは
実用上は問題ない).

幸いアマチュア・バンドの周波数は，整数倍の関係になっているので，バンド毎に用意しなくても流用できる周波数があります．

　なお，この測定用同軸ケーブルの長さは，NanoVNAのTDR機能を使えば，補正したケーブル(電気)長で測定できます．

(2)スミス・チャート上の表示

　図1-2～図1-4は，異なった長さの測定用の同軸ケーブルで同じアンテナを測定した結果です．インピーダンスの軌跡である α 型の位置(傾き)が異なっています．なぜ，このような測定結果になったのでしょうか？

　本来なら，この α 型の軌跡はクロスする側を右に水平に現れます．

　図1-1は，スミス・チャート右端の(∞)の位置を基準とした場合，(※通常は左端の(0)の位置が基準です)右回りに(約0.5/0.5)×360°＝約360°一回転して，ほぼ元の位置まで回っています．

　図1-2は，スミス・チャート右端の(∞)の位置を基準とした場合，右回りに(約0.88/0.5)×360°＝約634°2回転の少し手前の位置まで回っています．

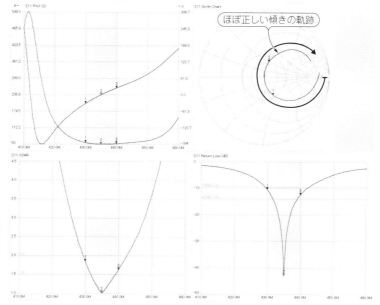

図1-1
①約0.5λの長さの測定用同軸ケーブルで測定したスミス・チャート上の回転位置

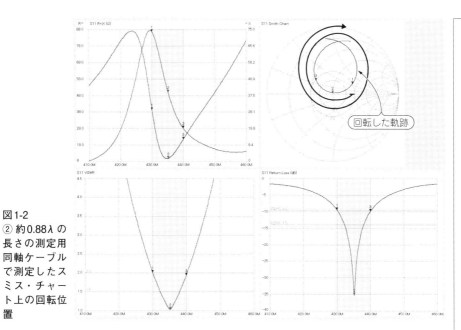

図1-2
② 約0.88λ の長さの測定用同軸ケーブルで測定したスミス・チャート上の回転位置

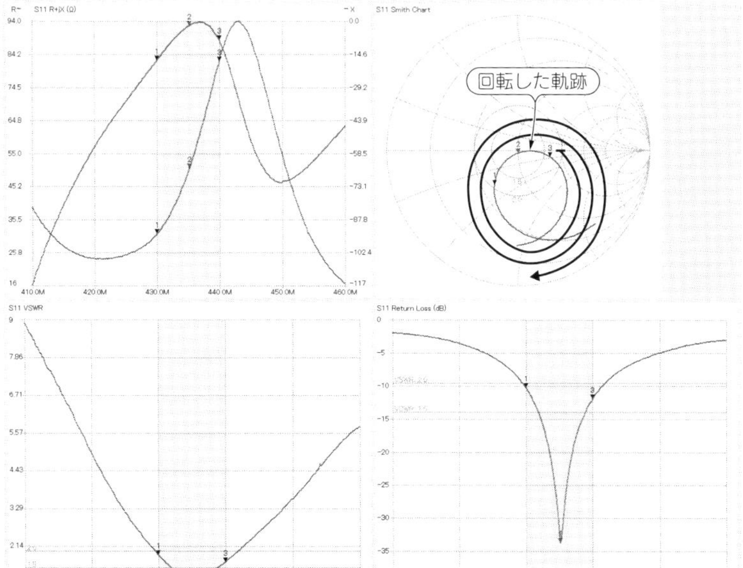

図1-3
③ 約1.11λ の長さの測定用同軸ケーブルで測定したスミス・チャート上の回転位置

図1-3は，スミス・チャート右端の(∞)の位置を基準とした場合，右回りに(約1.11/0.5)×360°＝約800°，2回転(1λ)を過ぎた位置まで回っています．

　①の約0.5λ＝λ/2×Nの長さの同軸ケーブルを使うと，ほぼ正しく測定できます．

　測定用の同軸ケーブルが長い場合は，同軸ケーブルの損失により軌跡が少しずつ内側のスミス・チャートの中心方向に近づきます．

　このように，インピーダンス特性は，3点以上の連続的なデータをスミス・チャート上で確認することが非常に重要です．連続的なインピーダンス特性は，SWR計ではわからないベクトル情報です．

　この項で説明したように，任意長の同軸ケーブルでは，インピーダンス特性がスミス・チャート上で回転します．せっかくNanoVNAを使用して得た測定結果を正しく生かすことができないので注意してください．

　アンテナのインピーダンス測定には，必ずλ/2×N長の測定用同軸ケーブルを用意するか，次に説明する電気的遅延(ELECTRICAL DELAY)を利用すると良いでしょう．

NanoVNAは，2017年の開発バージョンから，現在は中国製の数機種が市販されています．中にはオリジナルに拡張機能を追加したものもあるようです．また，ファームウェアのバージョンにより，これから説明するメニュー項目などに若干の異差があります．NanoVNAの基本的な機能と使いかたを解説していますが，亜種などすべての機能に対応していない場合があります．

---

(3)電気的遅延(ELECTRICAL DELAY)の設定

　前項で，測定用同軸ケーブルの電気長に関して説明してきました．実はNanoVNAには電気的遅延(ELECTRICAL DELAY)を設定する機能が付いています(※同軸ケーブルの電気長を等価的に長/短できる機能)．この機能を使えば測定用同軸ケーブルの長さを意識しなくても同軸ケーブルの電気長に伴う，スミス・チャート上のα型の回転位置を補正して，その位置のインピーダンス特性を表示することができます．

　この機能ELECTRICAL DELAYの操作方法は，次のとおりです．

　①[パネル面]をタッチ，[DISPLAY]をタッチ，[SCALE]をタッチ，[ELECTRICAL DELAY]をタッチすると，[テン・キー入力画面]が表示されます．

　②スミス・チャート上のα型の位置を左回りに補正したい場合，数値を入力して，単位(n or p)をタッチすると画面が変わり，この設定がスクリーンに表示されます(**写真1-7**)．

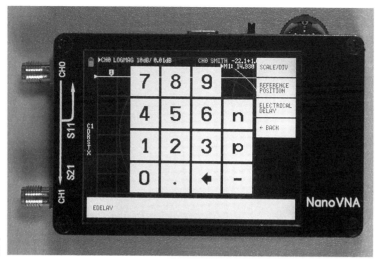

写真1-7
ELECTRICAL
DELAYの設定

③スミス・チャート上のα型の位置を右回りに補正したい場合，数値入力の前に[-記号]をタッチして数値を入力します．

④電気的遅延(ELECTRICAL DELAY)設定を解除したい場合は，数値に[0]を入力すれば，補正なしの元の状態に戻ります．

〔数値の決定方法〕

使用周波数[f]の一周期[T]の時間が必要です．$T = \dfrac{1}{f}$ [S]

例えば，HFの3.6MHzの場合，一周期の時間は，$\dfrac{1}{3.6 \times 10^6} = 277.8\text{ns}$です．

また，UHFの435MHzの場合，一周期の時間は，$\dfrac{1}{435 \times 10^6} = 2.299\text{ns}$ですので，

スミス・チャート上のα型の位置を右回りに70°回転させ場合，

70°/360° × 2.299ns = -0.447n(または-447p)とタッチ入力します．

⑤初期設定メニューの[DISPLAY]〜[CONFIG]画面は，メニュー以外の空白部をタッチすると消えます．

⑥テン・キーの[←]は，直前に戻るキーなので，数値の変更や[テン・キー入力画面]を消したいときは，[BACK]ではなくて，テン・キーの[←]を数回タッチすると終了します．

1-3 なぜ，アンテナのインピーダンス軌跡は α 型になるのか？

λ/2×N の長さの同軸ケーブルで測定すると，アンテナの給電部で直接に測定した場合とほぼ同じ状態に見えます．

中心周波数の波長に比べて，それより少し高い周波数は，波長が少し短いのでエレメントは長く見えます．したがって，高周波特性は +j 誘導性になるのでスミス・チャート上では，上半分側に位置します．

また，中心周波数より少し低い周波数は，波長が少し長いので，エレメントは短く見えます．したがって，高周波特性は −j 容量性になり，スミス・チャート上では，下半分側に位置します．

つまり，アンテナのインピーダンス軌跡は，スミス・チャート上の右半分の位置に α 型が描かれます．すなわち，α 型がスミス・チャート上の右半分の位置にないときには，せっかく NanoVNA でベクトル測定したのに，その測定値は意味のないインピーダンス・データになってしまいます．

このようなことが起きないように，3点キャリブレーションと，測定用同軸ケーブル長が重要になります．

1-4 トレース表示など

(1) トレース表示の変更

①[パネル面]をタッチ，メニューの最上段の[DISPLAY]をタッチすると[TRACE から BACK まで]のメニューが表示されます．

②メニューの最上段の[TRACE]をタッチすると，カラー表示で[TRACE 0 〜 3]が表示されます．

③必要なトレースを長押しすると，一瞬間を置いた後，スクリーン上の CH 数字が反転してアクティブ状態になります．

④[TRACE No.#]項目を消したいときは，もう一度その[TRACE No.#]をタッチすると表示が消えます．

(2) トレース・フォーマット(表示項目)の変更

前項，②の状態から必要なトレースをタッチして，[SINGLE]，[FORMAT]をタッチ

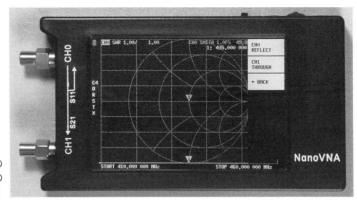

写真1-8
トレースチャネルの
選択. CHANNELの
CH0 or CH1 を選択

すると[LOGMAG]/[PHASE]/[DELAY]/[SHITH]/[SWR]/[MORE]/[BACK]のメニュ
ーが出てきます. [MORE]をタッチすると, 追加の[POLAR]/[LINEAR]/[BACK]の7
個メニューが表示されます.

なお, 機種によっては下記のように, [LOGMAG]/[PHASE]/[DELAY]/[SHITH]/
[SWR]/[POLAR]/[LINEAR]/[IMAG]/[RESISTANCE]/[REACTANCE]/[REAL]の11
個の表示項目が選択できる機種やファームウェアのバージョンもあります.

(3) トレースのチャネル選択の変更

2つのポートを使って伝搬係数のフィルタ特性などを測定するときに必要です.

①チャネルを変えたいトレースをアクティブ状態にしておきます.

②いったん[BACK]をタッチして, [TRACEから<BACKまで]のメニュー画面に戻り
ます.

③[CHANNEL]をタッチして, [CHANNEL CH0 or CH1]を選択すると変更されます.

④[BACK]をタッチして完了します(**写真1-8**).

(4) タッチ・パネルのキャリブレーション

タッチ・パネルに不具合が出たときに試してみてください.

①[パネル面]をタッチ, [CONFIG]をタッチ, [TOUCH CAL]をタッチ.

②[パネル左上の+]をタッチ, [パネル右下の+]をタッチすると完了します.

③[TOUCH TEST]をタッチ, [パネル面]をなぞるとそのまま軌跡が残ります.

④[CONFIG]をタッチ, [SAVE]をタッチして設定を保存します.

第2章

RF Demo Kit

NanoVNAの動作確認ができるキットが販売されています．NanoVNAの動作を簡単に試すことができます．

このキットには18の回路があります．その中でもとくに有用なものを実際に使って，NanoVNAの動作を見てみましょう．

2-1 RF Demo Kit

RF Demo KitというNanoVNAのオプションがあります．これは，実に良く考えられています．NanoVNAの機能と，スミス・チャートの見方を習得するのにはとても便利です．

ポート1つを使用：基板面のNo.1 〜 4，No.7 〜 10，No.13 〜 15の各端子は，NanoVNAの1ポートを使って反射係数のインピーダンス特性を測定する場合に使用します．

ポート2つを使用：基板面のNo.5，6，11，12，16，17，18の各端子は，NanoVNAの2ポートを使って伝搬係数のフィルタ特性等を測定する場合に使用します．

このRF Demo Kitを使用する前には必ずキャリブレーションを行います．基板面のNo.13[Short]，No.14[Open]，No.15[Load]，およびNo.16[Thru]の端子と付属の細い同軸ケーブル2本を使用してフルスパンでキャリブレーションを行います．キャリブレーションの手順は，第1章を参照してください．

2-2 ポート1つで反射係数(S_{11})のインピーダンス特性を測定

● RF Demo Kitの概要

RF Demo Kitは，NanoVNAにつないで，NanoVNAの機能を試すことができます．RF Demo Kitには，18個の回路が準備されていて（**写真2-1**），**表2-1**のような回路構成になっています．

RF Demo KitのNo.1，No.2，No.7を使って，NanoVNAのポート1で，反射係数(S_{11})の

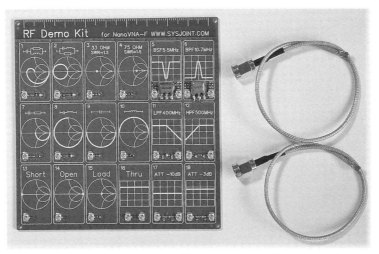

写真2-1　RF Demo Kit. NanoVNAのいろいろな機能を試すことができる

表2-1　RF Demo Kitの回路構成

No.1	直列コンデンサ(100pF)が入り，抵抗(50Ω)とコイル(※48nH)の並列回路
No.2	コンデンサ(200pF)とコイル(※67nH)の直列回路に，並列に抵抗(50Ω)を接続した回路
No.3	33Ωの抵抗です．$SWR \doteqdot 1.5$のキャリブレーションのチェック用
No.4	75Ωの抵抗です．$SWR \doteqdot 1.5$のキャリブレーションのチェック用
No.5	抵抗によりパッシブ型の簡易マッチングされた3端子セラミックスのBSF(6.5MHz)フィルタ回路
No.6	抵抗によりパッシブ型の簡易マッチングされた3端子セラミックスのBPF(10.7MHz)フィルタ回路
No.7	コンデンサ(200pF)に抵抗(50Ω)を直列接続した回路
No.8	コンデンサ(50pF)にコイル(11nH)を直列接続した回路
No.9	コンデンサ(200pF)
No.10	コイル(5.2μH)
No.11	LPF(400MHz以下の周波数が通過)フィルタ回路
No.12	HPF(500MHz以上の周波数が通過)フィルタ回路
No.13	Shot(0Ω)のキャリブレーション用
No.14	Open(∞Ω)のキャリブレーション用
No.15	Load(50Ω)のキャリブレーション用
No.16	S_{21}(伝搬係数)のキャリブレーション用スルー回路
No.17	−10dBのアッテネータ回路
No.18	−3dBのアッテネータ回路

インピーダンスを測定しましょう.

　RF Demo KitのNo.1をNanoVNAのポート1に接続して測定してみました(**写真2-2**).

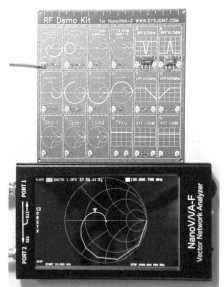

写真2-2
RF Demo KitのNo.1を測定した

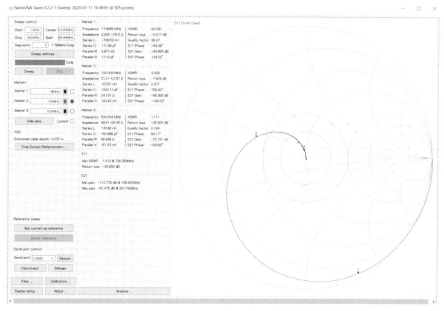

図2-1　RF Demo KitのNo.1を測定したものをNanoVNA Serverで表示した

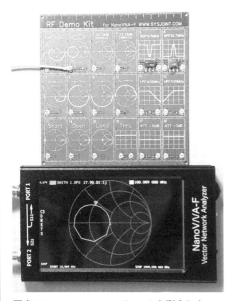

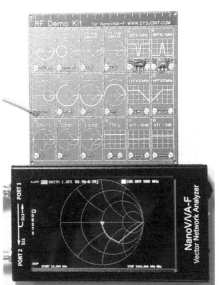

写真2-3　RF Demo Kitの No.2を測定した　　　写真2-4RF Demo Kitの No.7を測定した

図2-1は，NanoVNAをUSBでパソコンに接続して，ダウンロードしたNanoVNA Server
で測定結果を表示させたところです．

　このように，NanoVNA Serverでは，NanoVNA本体よりも多くの情報を表示すること
ができます．

　RF Demo Kitの No.2をNanoVNAのポート1に接続して測定してみました（**写真2-3**）.

　RF Demo Kitの No.7をNanoVNAのポート1に接続して測定してみました（**写真2-4**）.

2-3　ポート2つで伝搬係数(S_{21})のフィルタ特性を測定

● ポート2つで伝搬係数(S_{21})

　RF Demo Kitの No.5，No.6，No.11，No.12をNanoVNAのポート1とポート2に接続し
て伝搬係数(S_{21})を測定してみましょう．

　No.5(BSF 6.5MHz)は，周波数帯域を[Start] = 5MHz，[Stop] = 8MHzと設定してフィ
ルタ特性を測定しました．

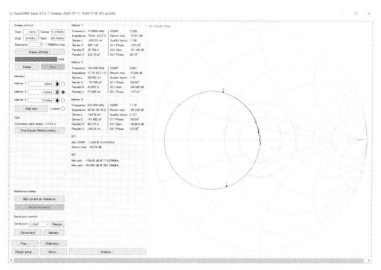

図2-2　RF Demo KitのNo.2を測定したものをNanoVNA Serverで表示した

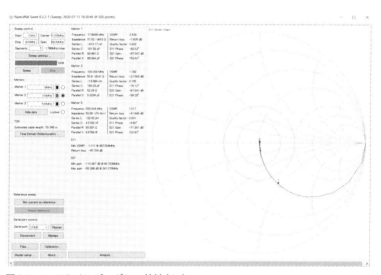

図2-3　No.7のインピーダンス特性（S_{11}）

　写真2-5は，NanoVNA本体の表示です．図2-4はPCに接続した場合の画面で，nanovna-saver-v0.2.2-1の表示です．図2-5は，NanoVNA v1.01の表示です．No.5は，NanoVNAの

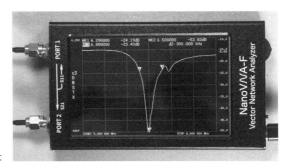

写真2-5
RF Demo Kit の No.5 を測定した

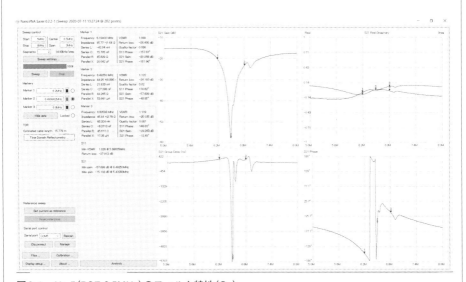

図2-4　No.5 (BSF 6.5MHz) のフィルタ特性 (S_{21})

2つのポートを使います.

　RF Demo Kit の No.6 を NanoVNA に接続して測定してみました. No.6 も, NanoVNA の2つのポートを使います.

　No.6 (BPF 10.7MHz) は, 周波数帯域を [Start] = 9.7MHz, [Stop] = 11.7MHz と設定してフィルタ特性を測定しました.

　写真2-6は, NanoVNA 本体の表示で, **図2-6**は, PC に接続して表示された画像で, nanovna-saver-v0.2.2-1 の表示です. **図2-7**は, NanoVNA v1.01 での表示です.

　RF Demo Kit の No.12 を NanoVNA に接続して測定してみました. No.12 も, NanoVNA

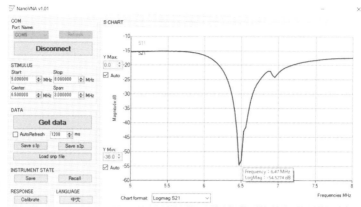

図2-5
NanoVNA v.1.01
の表示

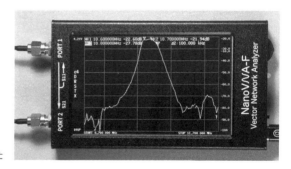

写真2-6
RF Demo KitのNo.6を測定した

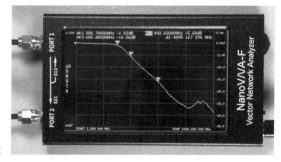

写真2-7
RF Demo KitのNo.11を測定した

の2つのポートを使います.

No.11とNo.12は,それぞれλ/4型(定K型)一段のフィルタで,減衰特性が緩やかです.

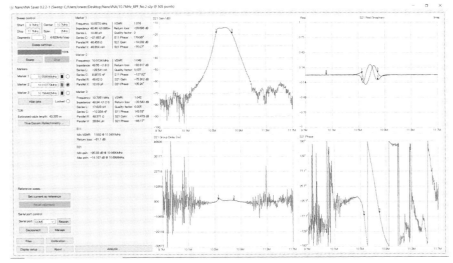

図2-6　No.6（BPF 10.7MHz）のフィルタ特性（S_{21}）

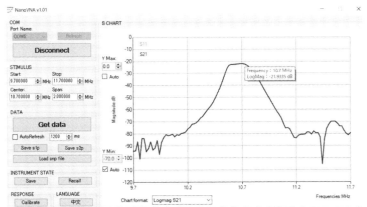

図2-7
NanoVNA v.1.01
の表示

測定周波数の範囲を広くして伝搬特性（S_{21}）を測定したほうが，フィルタの特性の特徴をつかみやすいでしょう．

　写真2-7は，No.11を測定したときのNanoVNA本体の表示です．図2-8は，PC接続したときのPCモニタのnanovna-saver-v0.2.2-1の表示です．図2-9は，NanoVNA v1.01での表示です．

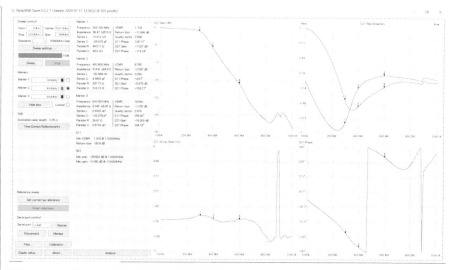

図2-8　No.11（LPF 400MHz）のフィルタ特性（S_{21}）

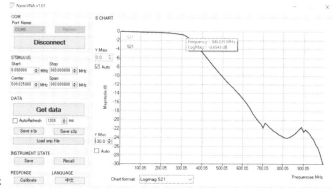

図2-9
NanoVNA v.1.01の表示

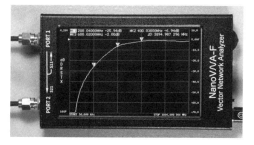

写真2-8
RF Demo KitのNo.12を測定した

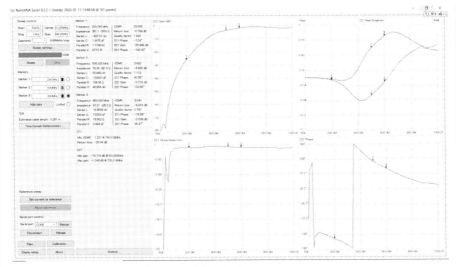

図2-10　No.12（HPF 500MHz）のフィルタ特性（S_{21}）

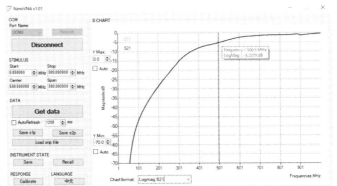

図2-11
No.12を測定したときの
NanoVNA v.1.01の表示

　写真2-8は，No.12を測定したときのNanoVNA本体の表示です．**図2-10**は，PC接続したときのPCモニタのnanovna-saver-v0.2.2-1の表示です．**図2-11**は，NanoVNA v1.01での表示です．

第3章

NanoVNAを
ベクトル・インピーダンス・アナライザ(VIA)
として使用する

NanoVNAが持つVIA機能を使って,実際に測定した未整合アンテナのインピーダンス特性から,そのアンテナを整合させる効果的な手法を説明します.

3-1 車載ホイップ・アンテナの*SWR*測定

■ 車載用ホイップ・アンテナの*SWR*測定

NanoVNAをパソコンに接続して測定してみました(**図3-1**).このほうが測定結果を詳しく観察できます.

測定するアンテナは,30年程前から使用している市販のデュアルバンド・モービル用

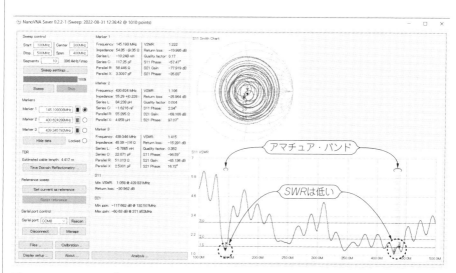

図3-1 144/430MHzデュアルバンド・アンテナを100M〜500MHz幅で測定した

写真3-1
屋外で車載ホイップ・アンテナ
の特性を測定した

ホイップ・アンテナです(**写真3-1**).

①NanoVNAの測定周波数帯域を設定

　NanoVNAの測定周波数帯域を設定します．ここでは，100M 〜 500MHzに設定しました．測定するのは，144MHz/430MHzのデュアルバンド・アンテナなので，このように設定すると広い帯域の*SWR*値を1度のスイープで測定することができます．

②144MHz帯のインピーダンス特性

　NanoVNAをパソコンに接続したままで，バンド毎のインピーダンス特性を測定しました．

コラム——**NanoVNAのスイープ**

　NanoVNAとアンテナの接続は，元々アンテナ基台に付属していた5mの同軸ケーブルとNanoVNA本体だけの場合，ベクトル・インピーダンス・アナライザ(VIA)機能として，アンテナ系を測定しているときは，約1秒毎のスイープを繰り返しています．

　NanoVNA本体だけの場合は，メニューの[STIMULUS]をクリックして[PAUSE SWEEP]をクリックするとスイープをストップできます．

コラム ── NanoVNAのモニタを屋外でも見やすく

NanoVNAは，バッテリーを内蔵しているので，屋外に持ち出してアンテナの特性を測定することができます．しかし，NanoVNA本体のモニタは屋外ではあまり良く見えません．

そこで，NanoVNAモニタ周囲に付ける囲いを厚紙で試作してました．見栄えは良くありませんが，効果は上々です．ルーペを使えばさらに良く見えます（**写真コラム3-1**）．

また，**写真コラム3-2**のように，囲いの上にデジカメをセットすれば，NanoVNAのモニタを鮮明に撮影できます．

写真コラム3-1
段ボールで作った囲いの上部の穴からルーペで覗くとはっきり画面が確認できる

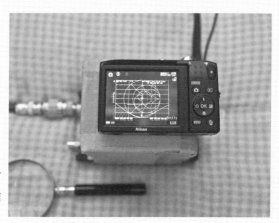

写真コラム3-2
段ボールで作った囲いの上部の穴にデジカメをセットしマクロでNanoVNAの画面を撮影する

コラム ── 測定用同軸ケーブルの長さ

　NanoVNAとアンテナの接続は，元々アンテナ基台に付属していた5mの同軸ケーブル(2D-LFB-S)を使って接続しました．このとき，測定用の同軸ケーブル長を補正していなかったので，スミス・チャート上のプロット軌跡が傾いています．

　本来なら，測定する周波数長に合わせた長さの測定用同軸ケーブルを使います．そうするとプロット軌跡は正しい向きになります．ただし，プロット軌跡が傾いていても，アンテナのおおよその特性は判断できます．

　図コラム3-1は，一番最初に実測した144MHzの周波数特性です．

　注意深く観察すれば，スミス・チャート上の軌跡が145MHz帯では，左回りに約43度回転しています．

　原因は，同軸ケーブル(2D-LFB-S) 5m＝(実際はBNC⇔SMA変換コネクタを付けていたので5.01m長)が，145MHz帯の(λ /2×6×0.793)の実効長(約4.92m)より，ほんの少し長いためです．同軸ケーブルを約9cm短くして測定するとほぼ正しい向きになります．

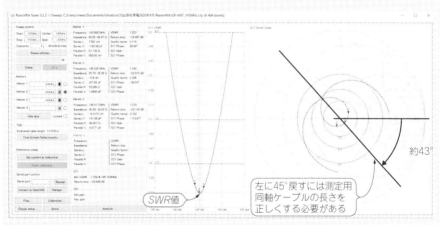

図コラム3-1　プロット軌跡が傾いた状態のスミス・チャート

　このデュアルバンド・アンテナを測定して結果は，**図3-2**のとおりです．

　測定結果としては，このデュアルバンド・アンテナは極めて良好なインピーダンス特性です．

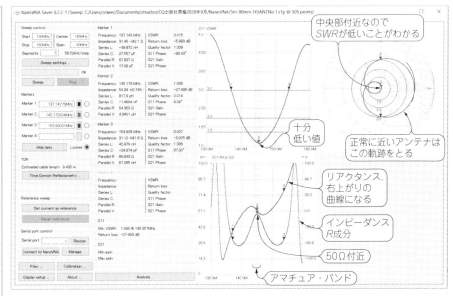

図3-2　補正後の測定用同軸ケーブルを使用して144MHz帯のインピーダンス特性を測定

③430MHz帯のインピーダンス特性

　図3-3は，NanoVNAをパソコンに接続したままでインピーダンス特性を測定しました（p.31のコラムのように，測定用同軸ケーブルの長さを補正した）．

　435MHz帯もとても良好なインピーダンス特性です．

■ 3-2　NanoVNA＋パソコンで広帯域の特性測定

■ スイープ

　NanoVNA本体は，自動的に約1秒間隔（このときLEDは点滅）で，連続的に101のスキャン・ポイントをスイープします．ポイント数やスイープ時間の変更はできません．

　広帯域の周波数帯を測定した場合，低い周波数でグラフが粗くなりきれいな曲線になりません．

　狭帯域の周波数帯（1つのハム・バンドだけ）の場合は，比較的良好で，実用上は問題ありません．

　NanoVNAをPCに接続してnanovna-saverを使えば，スキャン・ポイント数を増やせ

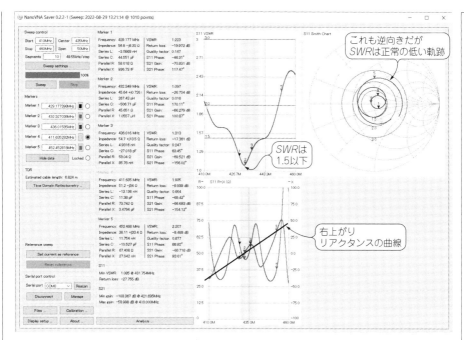

図3-3　長さを補正した測定用同軸ケーブルを使用して測定した430MHz帯のインピーダンス特性

るので，より詳細なデータを測定することができます．

■ ディスコーン・アンテナの測定

　アンテナの測定例として，長年屋外で使っている市販のディスコーン・アンテナの周波数特性を測定してみます．ディスコーン・アンテナは，長さの異なるエレメントを複数持ち，低い周波数から高い周波数まで，広い周波数域をカバーできるアンテナです（**写真3-2**）．

　定格は25M ～ 1300MHzで受信でき，50MHz以上のハム・バンドでは送信も可能です．

　この測定には，1.5GHzまで対応のNanoVNA-Fを使用しました．このようにPCに接続してスミス・チャートやグラフを大きく表示させると，視覚的に数値の変化をよく観察できます（**図3-4**）．

(1)測定時の周波数スパンは10M ～ 1500MHzです．同軸ケーブルは，5D-2Vで長さは約5mです．**図3-4**グラフの見方ですが，周波数が高くなるとスミス・チャートのグルグ

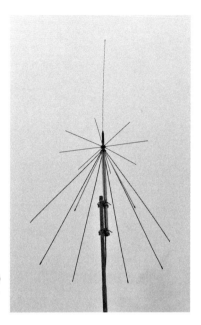

写真3-2
DIAMONDOの(D-1300)
スーパー・ディスコーン・
アンテナ

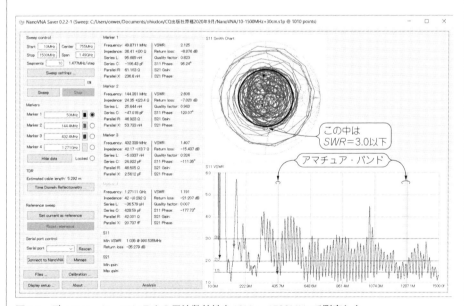

図3-4 ディスコーン・アンテナの周波数特性を10M ～ 1500MHzで測定した

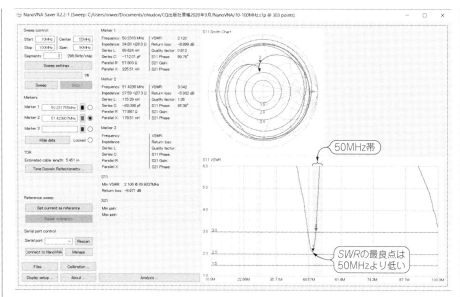

図3-5　周波数スパンを10M〜100MHzで測定した結果

　　ル曲線の固まりが中心に向かって小さくなります．約100MHz以上周波数では，ディ
　スコーン・アンテナとして動作しているので，その全域がほぼSWR＜3の円内に収ま
　っています．
　　なお，グラフ内の縦じま薄い線は，ハム・バンドを表示しています．
(2)図3-5は，10M〜100MHzの周波数範囲を測定したものです．
　　周波数軸の中ほどがハム・バンドの50MHz帯です．
　　●ディスコーン・アンテナの上方向に50MHz用のコイルとエレメントがあります．
　　SWRを改善するには，エレメントを少し短くすれば，50MHz帯全域がSWR＜3に収
　まると思われます．
(3)図3-6は，100M〜500MHzを測定したものです．
　　ハム・バンドの144MHz帯と430MHz帯を同時に測定しています．
　　●共振周波数は，それぞれのバンドの一番低い周波数付近になっています．
　　●アンテナの設置条件が変われば，各バンド共に適正な周波数帯になるかもしれませ
　　ん．このままでも十分に使用できる状態です．
(4)図3-7は，500M〜1500MHzを測定したものです．

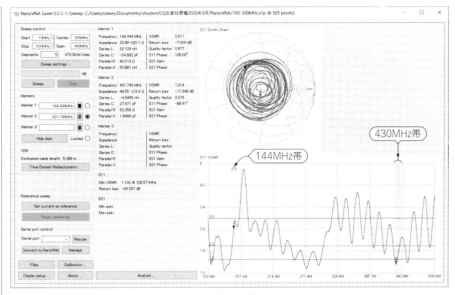

図3-6　周波数スパンを100M ～ 500MHzで測定した結果

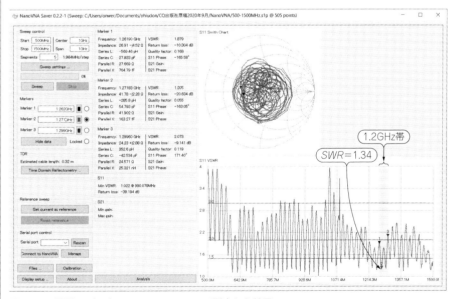

図3-7　周波数スパンを500M ～ 1500MHzで測定した結果

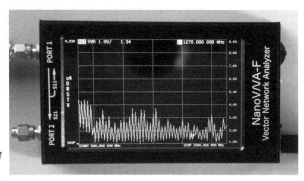

写真3-3
NanoVNA-Fの右端は*SWR*
の目盛り

　ハム・バンドの1.2MHz帯を測定しています．左上マーカー1は1270MHzで*SWR* =
1.34です．スクリーン右端の縦目盛りは*SWR*値です．

　このように周波数スパンを変えて測定すれば，このアンテナの特徴が良くわかります．
上記の測定データは，広帯域測定のサンプルです．各ハム・バンドは*SWR* < 3に収まっ
ています．

　左上マーカー1は1270MHzで*SWR* = 1.34です．スクリーン右端の縦目盛りは*SWR*値
です．NanoVNAの本体の表示のようすを**写真3-3**に示します．

　NanoVNAの基本波のスイープは300MHz幅で，300MHz以上の周波数帯は，基本波を
逓倍しています．そのため，整数倍の周波数，300MHz，600MHz，900MHz，1200MHz
などの端の周波数ではスイープの境目が発生し，そこで測定結果にわずかな段差が見られ
ることがあります．

　さて，このように周波数を変えて測定すれば，このアンテナの特徴が良くわかります．

　周波数特性を測定した結果，このアンテナはずいぶん前から使用していますが，まずま
ずの特性を維持しているようです．

3-3　アンテナ整合の考え方〔その1〕インピーダンス整合

　特殊な例ですが，大きさが10 × 10 × 10cmの小型衛星キューブサットで使用する437
MHzのアンテナを例にして，アンテナ調整の手順を紹介します．

　このアンテナは単一型と呼ばれるホイップ・アンテナとして作動します（**写真3-4，写
真3-5**）．

写真3-4
超小型人工衛星(STARS-EC)のアンテナ

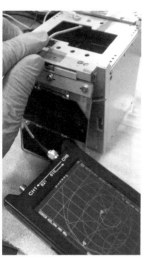

写真3-5
STARS-ECのパドル・アンテナをクリーンルーム内で最終調整中

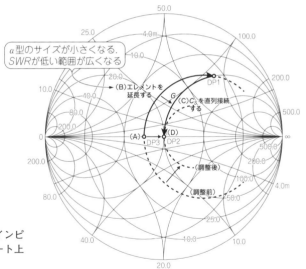

図3-8
シリーズ・コンデンサによるインピーダンス整合をスミス・チャート上で示した

〔インピーダンス整合の考え方〕図3-8, 図3-9

　共振状態の$(\lambda/4)$ 0.25 λホイップ・アンテナは，通常，

　(A)アンテナ抵抗分(R_s)は$20 \sim 35\,\Omega$ +アンテナ・リアクタンス分(X_S)は$\pm j0\,\Omega$です.

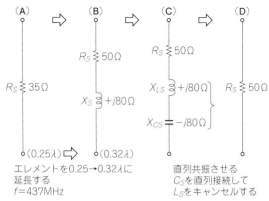

図3-9　シリーズ・コンデンサ(C_S)によるインピーダンス整合の等価回路図

この状態からエレメントを延長すると，設計周波数で$R_s = 50\,\Omega$になる長さがあります．このアンテナは$0.32\,\lambda$になりました．

(B)アンテナ・インピーダンス(Z_a)は，$R_s = 50\,\Omega$ + 誘導性リアクタンス分($+jXL$)が生じます．

(C)給電部に，エレメントに直列に容量性リアクタンス($-jXC$)であるシリーズ・コンデンサを直列接続すると($+jXL$) = ($-jXC$)になり，直列共振してキャンセルされます．

(D)アンテナ・インピーダンス(Z_a)は，$R_s = 50\,\Omega$だけになりアンテナ整合が成立します．

　このようなインピーダンス整合の手順は，NanoVNA等で測定したデータがないとわかりません．今までのSWR計等では不可能なことです．

　※例にあげたアンテナは特殊な用途ですが，λ/4アンテナにはかわりありません．他の周波数でも同様にインピーダンス整合をとることができます．

(1)この整合方法の考え方の図解です(図3-8，図3-9)．

(2)MMANA-GALでシミュレーションして設計しました(図3-10，図3-11)．

　※地上局が円偏波アンテナの場合，シミュレーション上は信号強度差8dB程です．

(3)クリーンルームでフライト・モデル機の調整中のようす(写真3-5)．

> ●シリーズ・コンデンサでインピーダンス整合するとα型が小さくなって使用帯域が広がるメリットがあります(図3-8)．

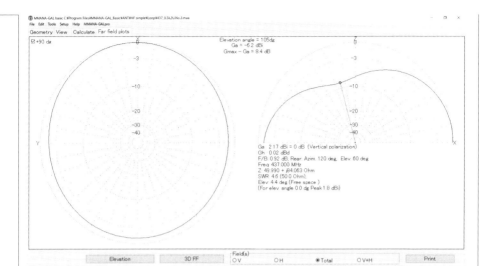

MMANA-GAL basic C:\Program Files\MMANA-GAL_Basic\ANT\HF sample\Loop\#437_0.3λ2U,No.3.maa — □ ×
File Edit Tools Setup Help MMANA-GAL.pro
Geometry View Calculate Far field plots

☑ +90 dg

Elevation angle = 105dg
Ga = -6.2 dBi
Gmax - Ga = 8.4 dB

Ga   2.17 dBi = 0 dB (Vertical polarization)
Gh   0.02 dBd.
F/B 0.92 dB), Rear. Azim. 120 deg, Elev 60 deg
Freq. 437.000 MHz
Z 49.990 + j84.063 Ohm,
SWR 4.6 (50.0 Ohm),
Elev. 4.4 deg (Free space)
(For elev. angle 0.0 dg Peak 1.8 dBi)

Elevation   3D FF   Field(s) ○ V   ○ H   ● Total   ○ V+H   Print

図3-10　MMANA-GALでシミュレーションした(V+H)の指向性特性

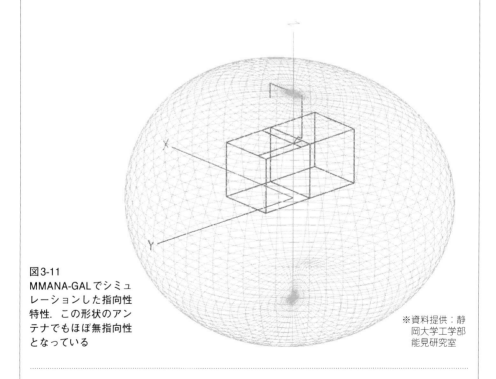

図3-11
MMANA-GALでシミュ
レーションした指向性
特性. この形状のアン
テナでもほぼ無指向性
となっている

※資料提供：静
　岡大学工学部
　能見研究室

3-4 アンテナ整合の考え方〔その2〕アドミタンス整合

正確なデータの取り方を詳細に説明します.

3.6MHzインバーテッドV型アンテナを例にして,アンテナの測定と調整の手順を紹介します.

エレメントの展開角度が90〜100°のインバーテッドV型アンテナをインピーダンス整合させます.

このアンテナは,給電部が高さ18mで,上から見た展開角度を160°くらいに伸展して使っていました.そのときのSWRは3.6MHzで1.2くらいです.

その後,設置環境の変更により,エレメントの展開角度が90〜100°,エレメント両サイドの高さを数メートル下げて設置することになりました.

これにより,給電部のアンテナ・インピーダンス(Z_a)が下がり,SWRは少し悪くなることが予想されます(**写真3-6**).

図3-12が新たに設置したインバーテッドV型アンテナをNanoVNAで,周波数帯域3.2〜4.0MHzにて測定した結果です.

Marker 2(赤色)は,中心周波数(F_C)が3.592MHzで見かけ上の給電部のアンテナ・インピーダンス(Z_a) = 49.84 + j17.2 Ωです.α型のインピーダンス軌跡がスミス・チャート(極座標)の中心を軸にして右回りに約100度回っています.

これは,測定するアンテナの給電部とNanoVNAをつないでいる同軸ケーブルの長さが

写真3-6
給電部18m高の3.6MHzインバーテッド・アンテナの全景

図3-12 インピーダンス整合前の3.6MHzインバーテッド・アンテナのインピーダンス特性

波長の長さと少し違っているからです.

● NanoVNAのTDR機能で同軸ケーブルの長さを求める

この3.6MHzインバーテッドV型アンテナをNanoVNAで測定した結果を基に,このアンテナをインピーダンス整合でマッチングをとるまでの過程をTDR(Time Domain Reflectometry;時間領域反射)機能の使いかたを含めて説明します.

■ 同軸ケーブル長を測定する

給電部のアンテナ・インピーダンスを正しく表示させるために,α型の位置をスミス・チャート(極座標)の中心を軸にして左回りに100度程回転させる必要があります.

そのためには,同軸ケーブルの長さを3.6MHzの$\lambda/2$(半波長)の整数倍の長さに調整する必要があります.この場合は少し短くすると良いようです.

何らかの方法によって,現状の同軸ケーブルの長さを測らなければなりません.

(A)アンテナをタワーから降ろして,同軸ケーブルの長さを巻き尺で測る方法
(B)NanoVNAのTDR機能により,同軸ケーブルの長さを測定する方法

当然,(B)の方法で測定を試みます.

NanoVNA本体のみでもTDR機能は使えますが,ここではNanoVNAをPCに接続した状態の使い方を説明をします.

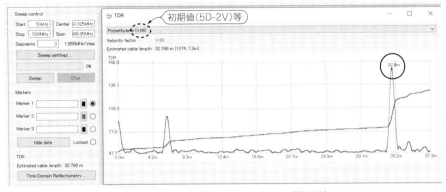

図3-13　NanoVNAのTDR機能で同軸ケーブルの長さを求める（補正前）

● **NanoVNAのTDR機能で同軸ケーブルの長さを測定する方法**

(1) 周波数帯域等の設定

　①まず，周波数帯域は，フルスパンの[RECALL c0]を立ち上げます．

　②画面左上[Sweep control]の[Start]に1MHzを入力，[Stop]に500MHzを入力します．

　③[Segments]は3を入力します．

　④[Sweep]をタッチしてスイープさせます．

　⑤数十秒後，スイープが終わったら，[Time Domain Reflectometry]をタッチすれば，
　　TDRウインドが開きます（図3-13）．

(2) TDRウインドの設定

　①[Polyethylene(0.66)]の右端のVをタッチ，一番下の[Custom]をタッチして，
　　[Velocity factor]の欄に，同軸ケーブル(5D-SFA)の**短縮率0.83**を入力します．

　②TDRウインドの右端をタッチして，ウインドを見やすい幅に広げます．
　　V_F(短縮率)を補正したのでグラフ吐出部の距離値が修正されました（図3-14）．

　　$32.8/0.66 \times 0.83 = 41.25\text{m}$

(3) グラフ横軸の長さの最大値設定

　①グラフ内を右タッチすると[タグ]が開くので，[Length axis]，[Fixed span]とタッ
　　チします．[Stop]の欄に(50)を入力すると最大50mに設定されます．

　②目盛りの数値が半端なときは，TDRウインドの右端をタッチして，ウインド幅を調

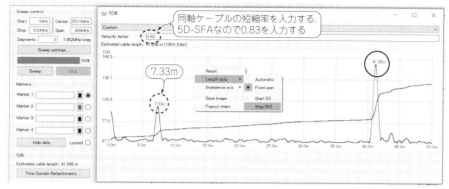

図3-14　NanoVNAのTDR機能で同軸ケーブルの長さを求める(補正後)

写真3-7
同軸ケーブルをつないだ個所

　整すると数値が整います.

　使用している同軸ケーブルの長さがグラフ内に41.25mと表示されました.

　手前側から7.33mの箇所にも何か変化を検出しています.実は,この箇所は同軸ケーブルを延長するためにコネクタで接続している場所でした.同軸ケーブルを土中に埋め込んでいたので掘り返すとその箇所が出てきました(**写真3-7**).

● 同軸ケーブル長をλ/2(半波長)に調整

　同軸ケーブルの長さを3.6MHzのλ/2(半波長)×同軸ケーブル(5D-SFA)の短縮率0.83で

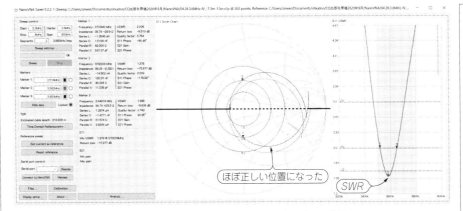

ほぼ正しい位置になった

SWR

図3-15　薄い曲線は同軸ケーブルを35mに切った後のインピーダンス特性

計算すると約34.6mになります.

　延長していた7.3mの同軸ケーブルを切り離して同軸ケーブルの長さを約35mにして測定しました.測定結果は**図3-15**です.

　これで,3.6MHzの$\lambda/2$(半波長)の測定用同軸ケーブルができあがりました.

　同軸ケーブルを短くしたので,α型のインピーダンス軌跡がスミス・チャート(極座標)の中心を軸にして左回りに回転して右側の定常位置にほぼ収まりました.

● **スミス・チャート上のα型の傾きを補正する**

　NanoVNAには,スミス・チャート上のα型の位置をソフト的に演算して,どちらの方向へも電気的に補正できる(ELECTRICAL DELAY)機能が付いています.
〔NanoVNA本体で設定します.〕

(1)同軸ケーブルの短縮率(VELOCTIY FACTOR)を設定

　本体のパネル面をタッチして,

　①[DISPLAY],[TRANSFORM],[VELOCTIY FACTOR]と順次タッチすると数値入力ウインドが開きます.

　②0.83×1と入力すると設定されます.

(2)(ELECTRICAL DELAY)を設定

　①[DISPLAY],[SCALE],[ELECTRICAL DELAY]と順次タッチすると数値入力ウインドが開きます.ここで遅延時間を入力しますが,その数値を計算します.

- 測定する周波数の1周期の時間を求めます(p.15参照).

  $1/3.6 \times 10^6 \fallingdotseq 0.278 \times 10^{-6}[\text{mS}] = 278 \times 10^{-9}[\text{ns}]$

- (図3-12)の状態から，スミス・チャートの中心(極座標)を軸にして左回りに約100度回転させるので，

  $100/360 \times 278[\text{nS}] \fallingdotseq 77[\text{ns}]$

②数値入力ウインドに77nと入力すると設定されます(写真3-8).

これで，図3-12が図3-16のように変換されました.

■ インピーダンス整合(アドミタンス整合)

図3-16は調整前のインバーテッドV型アンテナをNanoVNAで測定した結果です.

このベクトル・インピーダンスのデータを使用して，このアンテナのインピーダンスを

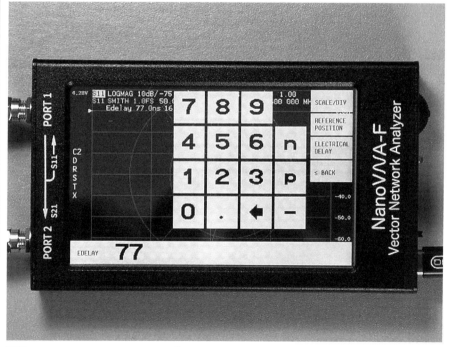

写真3-8　ELECTRICAL DELAYの設定画面

調整して整合させる方法を考えます.

　一般的に「インピーダンス整合」という言い方がよく使われますが，アンテナ整合の場合は，下記の説明のように「アドミタンス整合」として処理するのが順当です.

　アンテナを測定したとき，α型のインピーダンスの軌跡が，スミス・チャートの中心点（＝インピーダンス50Ω）を通ればその周波数でSWR＝1です.

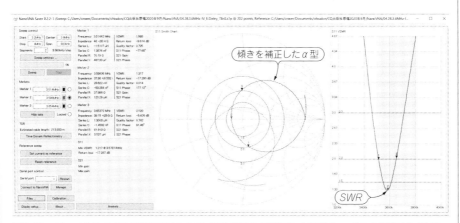

図3-16　NanoVNAの（ELECTRICAL DELAY）機能より補正した同軸ケーブルの測定（参考）値

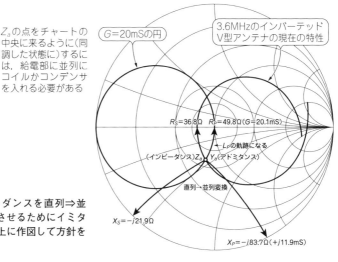

図3-17
Z_a点のインピーダンスを直列⇒並列変換して同調させるためにイミタンス・チャート上に作図して方針を考える

調整前の3.6MHzインバーテッドⅤ型アンテナのインピーダンス特性を示したα型の軌跡は，中心点をすこしずれていて(A)点を通っています(図3-17)．

　アンテナの整合をとるためには，この軌跡が中心点を通るようにアンテナを補正すれば良いわけです．

　インピーダンスの軌跡とアドミタンス20mSの円の交点に，設計周波数を設定すれば，並列キャパシタンスまた並列インダクタンスで，必ずチャートの中心($SWR = 1$)を通すことができます．

　この図3-17では，Z_a点の，直列抵抗分は36.8Ωで，直列キャパシタンス分は，$-j21.9$Ωです．

　これらの値は，Z_a点から左上に上げ(R_s)，左下に下げてインピーダンス(スミス)・チャートの端に当たった点(X_s)で読み取ります．

重　要

> 　スミス・チャート(イミタンス・チャート)左側の円は，アドミタンス20mSの円です．アドミタンス20mSは，インピーダンス50Ωの逆数です．
>
> 　アンテナのインピーダンス軌跡とアドミタンス20mSの円の交点に注目してください．

● アドミタンス整合を図解

A

　この直列抵抗分と直列キャパタンス分，2つの値を使って，調整前の3.6MHzインバー

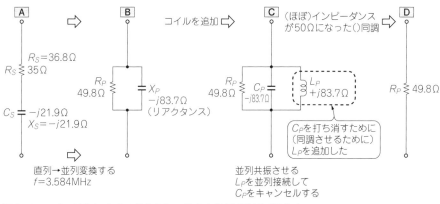

図3-18　コイル追加によるアドミタンス整合を等価回路図で示した

コラム── **コイル or コンデンサ どっちを給電部に追加する？**

インダクタンス分をキャンセルしてキャパシタンスだけで整合を補正する＝インピーダンスを50Ωにすることも可能です．ただし，実際にアンテナの給電部に部品を並列に追加することを考えると，部品の調達や，調整の容易さからコイルを入れるほうが簡単です．

テッドV型アンテナの等価回路を示すと，**図3-18** **A** のようになります．

B

この**図3-18** **A** 直列回路のインピーダンス(Z_a)を，**B** 並列回路のアドミタンス(Y_a)に変換します．

並列抵抗＝R_pは$(49.8) \fallingdotseq 50$ Ωのとき，並列キャパシタンスは，$-j83.7$ Ωです．並列キャパシタンス分は，Y_a点から右下に下した線のアドミタンス・チャートの端に当たった点(X_p)で読み取った値です．

C

図3-18 **B** の$X_p = -j83.7$ Ωを打ち消すためには，$+j83.7$ Ωのインダクタンスが必要です．インダクタ，つまりコイルを給電部に並列に追加します．

D

等価的に，$R_p \fallingdotseq 50$ Ω$(49.8$ Ω$)$となり，整合が取れます．

この流れでコイルを給電部に並列接続すれば，すこしずれていた3.6MHzインバーテッドV型アンテナはうまく同調させることができます．どんなコイルが必要なのかは，この後で解説します．

本来ならば，アドミタンス整合としてコンダクタンス(G)とサセプタンス$(-jB)$で計算するのが順当ですが，今回はわかりやすく説明するために，インピーダンスの直列⇔並列変換という手法を使いました．

MAKER F2の概略値は，周波数＝3.584MHz，**A** $R_S = 36.8$ Ω，$X_S = -j21.9$ Ωです．

これを直列⇔並列変換すると，**B** $R_P = 49.8$ Ω，$X_P = -j83.7$ Ω$(-jX_C)$になります（※付録のExcel計算マクロで計算できる）．

給電部に並列に追加するコイルのインダクタンスは，

$$L_P = XL/\omega = +j83.7 \ \Omega / (2 \times \pi \times 3.584 \times 106) \fallingdotseq 3.72 \ \mu H$$

となります．

■ 給電部に並列に接続するコイルの製作

実際にアドミタンス整合するために，給電部に並列に接続するコイルを設計／製作します．計算では約3.7μHなので，この値に近いコイルを作ります．

雨天でもインダクタンスの変化を低減するために，塩ビパイプに直径1.6mmの被覆電線を巻いてコイルを製作します．

フリーソフトのMMANAで計算してコイルの概略値を求めます．

①MMANAを起動します（**図3-19**）．

［表示］-［オプション］-［空芯コイル］-［計算］-［Lを求める］と順次タッチします．

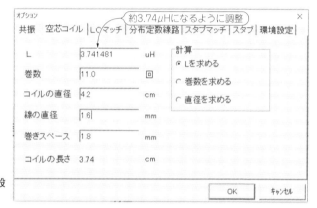

図3-19
MMANAを使ってコイルの設計をする

写真3-9
インバーテッド・アンテナの給電部(18m高)．正面が北方向です．左下に見えるのは3階建ビルの屋上(ドローンで撮影した写真)

②コイル・データを入力します.

[巻数]に11回, [コイルの直径]に4.2cm, [線の直径]に1.6mm, [巻きスペース]に1.8mmと入力すると, 一番上の[L]に3.74 μH と表示されています.

- コイルのリード線部を1回分として巻数10回のコイルを作ります.

■ 給電部にコイルを接続してインピーダンス特性を測定する

(1)このコイルをアンテナの給電部(**写真3-9**)に接続して, 改めてNanoVNAで周波数帯域 3.2M 〜 4.0MHzを測定します.

図3-20は, 長いほうのエレメントの長さを調整した後の3.580MHzの測定結果です.

極めて良好なSWR特性になりました. エレメントの長さをあと少し短くすれば, 中心周波数(F_C)を3.6MHzに設定できそうです.

ところが, アドミタンス・チャート上のG(定コンダクタンス円)に沿ってα型の位置が約70°も左回転しています.

(2)なぜこのように回転したのでしょうか?

この回転は, 同軸ケーブル長とは関係ありません. コイルが給電部に接続されたためです.

アンテナの給電部にコイルを接続したら, アドミタンス軌跡がどのように変化するかを検証します.

Smith V3.10によるシミュレーションにより解明するのですが, 本著の目的ではありま

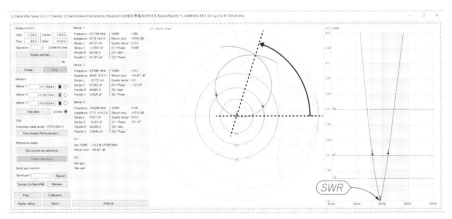

図3-20 コイルにより, コンダクタンス円上を移動したインピーダンス軌跡

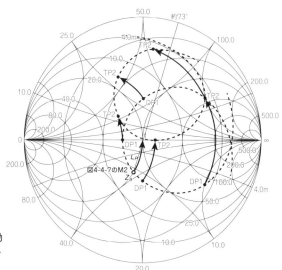

図3-21
コイルにより動く6ポイントの移動
方向と位置をイミタンス・チャート
上でシミュレーションした

せんので結果のみを示します.

　図3-21は, α型軌跡の5ポイントを読み取り, この値をSmith V3.1に5ポイント設定し, コイルの値を3.3 μHとしてシミュレーションした結果です.

　矢印がコイルのアドミタンス・チャート上のサセプタンス($-jB$)軌跡です.

　この場合は, アドミタンス・チャート上でそれぞれG(定コンダクタンス円)に沿って左回りに回転しています.

　(イ)(ロ)は, 同じ定コンダクタンス円上ですが, 周波数が異なるので回転する長さは, (ロ)より(イ)のほうが長くなります

- (イ)周波数が低い側では, コイルのサセプタンス分($-jB$)が少し大きくなるので, 回転する距離が少し長くなります.
- (ロ)周波数が高い側では, コイルのサセプタンス分($-jB$)が少し小さいので, 回転する距離が少し短くなります.

　また, アドミタンス・チャート上でサセプタンス分($-jB$)が同じ値でも, 右側に寄るほどサセプタンス円弧の間隔が広がります.

　したがって, 5ポイントそれぞれの回転(移動)する距離が異なるので, α型の形(幅)がほんの少し小さくなります.

■ コイルのインダクタンスをNanoVNAで測定

最終的に，コイルをカット＆トライした結果，巻き数は9回になりました．

NanoVNAで*LCR*を測定するためには，専用の冶具が必要です．

〔※*LCR*測定用冶具については，第5章で詳しく説明します．〕

写真3-10のように，クリップの先端部が校正面になるようにキャリブレーションしているので，50Ωの基準抵抗を接続すれば，マーカーの位置はスミス・チャートの中心になります．

NanoVNAの設定を［MAKER］，［SMITH VALUE］，［R+L/C］で*L/C*表示にしておけばインダクタンス/キャパシタンス値が直接表示されます．

ただし，通常のインピーダンス測定の場合は，［$R + jX$］表示で測定するのが順当です（**写真3-11**）．

- 周波数帯は3.5 ～ 4.0MHzの設定です．
- Marker1の位置は3.600MHzで，インダクタンスは3.18 μH と表示されました．

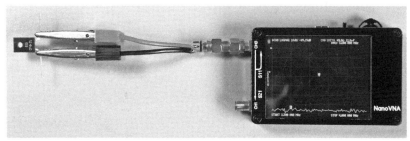

写真3-10 *LCR*測定冶具のキャリブレーション後，LOAD（50Ω）のマーカー位置を確認した

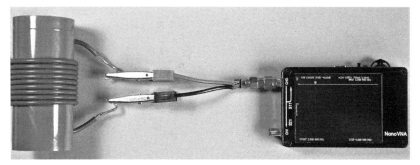

写真3-11 *LCR*測定冶具でコイルのインダクタンスを測定した．3.6MHzで3.18μHとなった

■ 電気的遅延機能を使ってα型の位置を補正

この状態からインピーダンス特性のα型の位置を定常位置に戻すためには，電気的遅延（ELECTRICAL DELAY）を設定した場合と同様に，NanoVNAで電気的に補正します．

①［DISPLAY］，［SCALE］，［ELECTRICAL DELAY］と順次タッチすると数値入力ウインドが開きます．ここで遅延時間を入力しますが，その数値を計算します．

● 測定する周波数の1周期の時間を求めます．

$$1/3.6 \times 10^6 \fallingdotseq 0.277 \times 10^{-6} [\text{mS}] = 278 \times 10^{-9} [\text{nS}] 〔ここまでは同じです.〕$$

● 図3-22の状態を分度器で回転した角度を調べると約73度です．

イミタンス・チャート（極座標の中心）を軸にして右回りに約73度回転させたいので，

$$73/360 \times 278 [\text{nS}] \fallingdotseq -56 [\text{nS}]$$

−56［nS］となります．

②数値入力ウインドに補正のため−56nと入力します．

③NanoVNA本体のみで使う場合は，次回のスイープでα型軌跡が定常位置に戻ります．

また，PC接続の場合は，改めて［Sweep］をタッチするとスミス・チャート上のインピーダンスのα型軌跡が定常位置に戻ります．

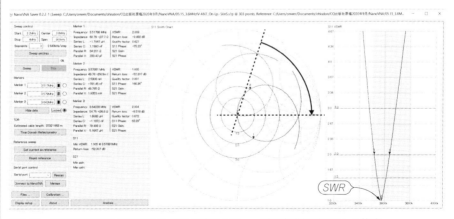

図3-22　電気的遅延（ELECTRICAL DELAY）により，α型を定常位置に戻した軌跡

■ 最終的にエレメント長を調整して設計周波数に合わせる

ここまで進めば，後は中心周波数（f_c）に合わせるためにエレメントを少し切れば，アンテナの整合は完了です．

● エレメントの長さを短くする方法について

両方のエレメントを同じだけ切る必要はありません．長い方をカットすれば，3.6MHzに調整できます．このとき，両方のエレメントの長さが多少長くても短くても問題ありません．ワイヤ・エレメントの場合，切りやすいほうだけ切って調整するのがノウハウです．

目的の中心周波数は3.600MHzなので，長い方のエレメントを20cm程切った最終段階のインバーテッド・アンテナのインピーダンス特性は**図3-23**のようになりました．

最終的にアンテナのインピーダンス（R_S）は49.2 Ωになりました．素晴らしい特性のアンテナに調整できました．

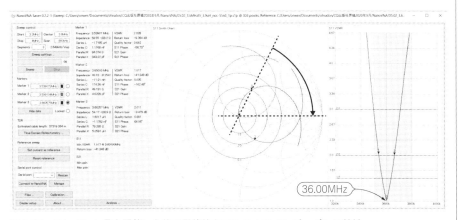

図3-23　エレメント長を調整した後の最終的なアンテナのインピーダンス特性

コラム — 低SWRの範囲

調整の勘どころは，R_Sを50 Ωより，ほんの少し低めに設定することです．理由はα型の中心位置をほんの少し左にズラスことにより，最良点のSWRは少々悪くなっても，良好なSWRの範囲を広げることができるからです．

第4章

NanoVNAを
ベクトル・ネットワーク・アナライザ(VNA)
として活用する

第3章で紹介した NanoVNA のオプション RF Demo Kit を詳しく紹介し，Nano VNA をネットワーク・アナライザとして使用する方法を具体例と共に解説します．

4-1 VNA測定のための準備

　高周波技術者のみなさんは，VNA等の測定器を使用する場合，毎回30分以上前から電源をONにして測定器をエイジングします．そして，室温と湿度をいつもほぼ同じ条件にしてからキャリブレーションします．

　特に測定データを外部に提出する必要がある場合は，測定条件を整えます．アマチュア無線等の趣味の世界であれば，そこまでする必要はありませんが，少なくとも，毎回キャリブレーションする習慣を付けておきましょう．

> 第1章の「1-1 キャリブレーション」で解説したように，測定の直前に，スミス・チャート上の正規化インピーダンス(0, 1, ∞)，すなわち，SHORT(0Ω)，LOAD(50Ω)，OPEN(∞)の3点にマーカーが正しく表示されることを確認します．

　VNA測定は，第2章のRF Demo Kitで解説した要領で2ポートを使って伝搬係数(S_{21})の測定を行います．

　フィルタ等の被測定機器(DUT)の入/出力インピーダンスが$Z_o = 50$Ωに設定されている場合は，測定用冶具やキャリブレーションの手順を省略できる場合があります．

4-2　広帯域フィルタの測定

■ LPF(ローパス・フィルタ)

　例として，メーカー製(SHINWA ELECTRONICS)のHF用LPF(1005s)のフィルタ帯域特性(S_{21})を測定してみます(写真4-1，図4-1).

　さすがにメーカー製のローパス・フィルタです．周波数特性は良好です．

■ BPF(バンド・パス・フィルタ)

　メーカー製(Meguro Denshi)の同軸キャビティ型BPF(「DB-4」432MHz用λ/4)のフィ

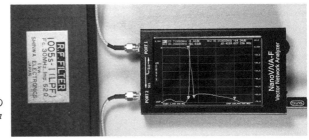

写真4-1
SHINWA ELECTRONICSの
HF用LPF(1005s)のフィルタ
特性(S_{21})を測定

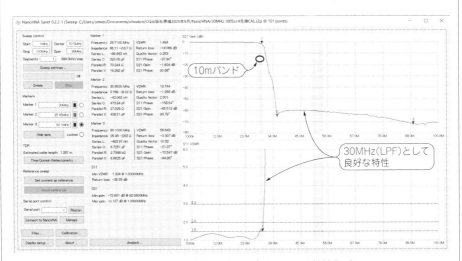

図4-1　SHINWA ELECTRONICSのHF用LPF(1005s)のフィルタ特性(S_{21})

ルタ帯域特性(S_{21})を測定してみます(**写真**4-2,**図**4-2).

このように,NanoVNA本体のみで伝搬係数特性(S_{21})が測定できます.通過損失は-0.9dBで,SWR特性は良好です.

この2例のように,入/出力端子が(Z_0)=50Ωの場合は,前後に同軸ケーブルを接続するだけで簡単にフィルタ特性を測定することができます.

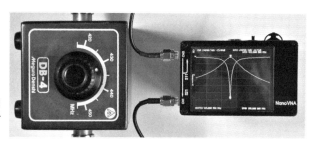

写真4-2
Meguro Denshiの(DB-4)
432MHz用λ/4同軸キャビテ
ィ型BPFのS_{21}を測定した

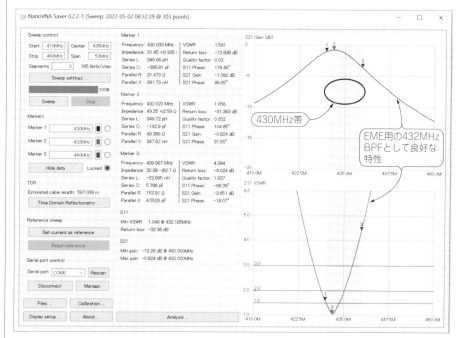

図4-2 同軸キャビティ型BPF(Meguro Denshi「DB-4」432MHz用λ/4)のフィルタ特性(S_{21})

■ LPFの調整

自作のHF用LPF(図4-3)をNanoVNAでフィルタ帯域特性(S_{21})を見ながら調整してみましょう．この項目はくわしく説明します．

(1)14MHz用の減衰極付定K型2段LPFを設計します．

〔仕様〕

周波数は14MHz帯用LPF，通過電力は200W，入/出力インピーダンスはZ_o = 50 Ω，減衰極付定K型2段タイプのLPFです．

設計は「Quick Smith Online」を使って設計とシミュレーションします．シミュレーション結果のファイルを自分のPCに保存しておきます．

減衰極の周波数は，基本波の2逓倍(28.3MHz)，または3逓倍(42.45MHz)の周波数にするのが普通ですが，今回はシミュレーションしながら，2逓倍と3逓倍周波数の減衰値がほぼ同じになるように調整するために，減衰極の周波数を26MHz付近に設定しました．

減衰極の並列共振周波数は，次の式により，

$$f = 1/2\pi\sqrt{L_s \cdot C_s}$$

L_Sが429nH，C_Sが86pFのときに約26.2MHzになりました(**写真4-3**，**図4-4**，**図4-5**)．

(2)L_{S1}とL_{S2}の2個のコイルは，**書籍『定本 トロイダル・コア活用百科』を参考にして，設計値になるように作ります．**

トロイダル・コアにコイルを巻く場合，インダクタンス値を微調整できないので，近似値のものとします(ソレノイド・コイルの場合は，微調整できる)．

カット&トライするときは，

・計算値より1ターン余分に巻いておいて，実測/調整します．

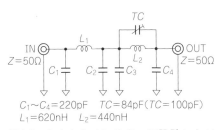

$C_1{\sim}C_4$=220pF　TC=84pF(TC=100pF)
L_1=620nH　L_2=440nH

図4-3　Quick Smith Onlineで設計した14
MHz LPFの回路

写真4-3　完成した14MHz用減衰極付定K型2
段LPF

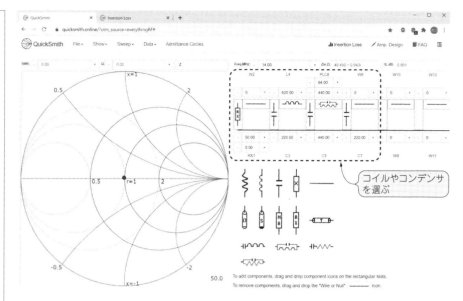

図4-4　14MHzのLPFを Quick Smith Online を利用して設計した

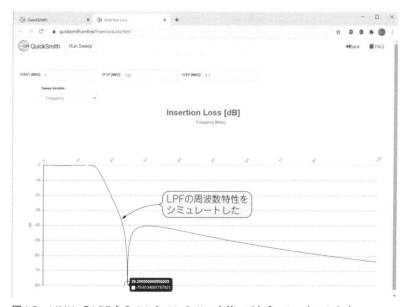

図4-5　14MHzのLPFを Quick Smith Online を使ってシミュレーションした

- もし，インダクタンス値が多ければ，1ターン分をショートして再実測／調整します．
- 以上を繰り返して特性の良いコイルを完成させます．

コアに余裕があれば，複数個の巻き数の異なるコイルを作っておくと効率が良いです．

(3) (2)で作ったコイル2個のインダクタンスをNanoVNAで測定します．
写真4-4の*LCR*の測定方法は，後述の第5章で詳しく説明します．

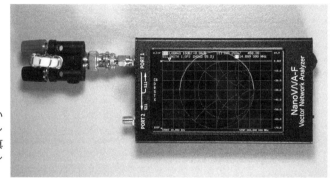

写真4-4
トロイダル・コアに巻いたコイルのインダクタンスを測定する．この写真では測定値はリアクタンス表示になっている

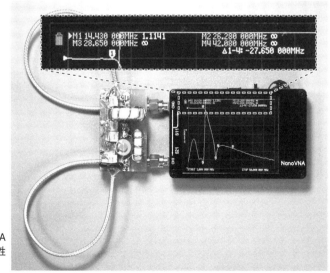

写真4-5
このように，NanoVNA本体だけでフィルタ特性(S_{21})が測定できる

(4) 基板上に実装して，NanoVNAで測定しながら減衰極付定K型2段LPFを調整します．

　通常の定K型LPFの場合は，ほとんど調整する必要はありませんが，このLPFは減衰極を付けました．セラミック・トリマで減衰極周波数を微調整できます(**写真4-5, 写真4-6, 図4-6, 図4-7**)．

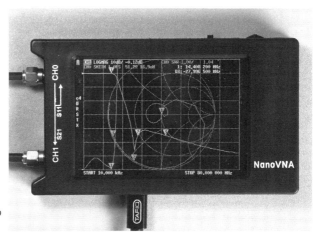

写真4-6
写真4-3のフィルタをNano
VNA-H4で測定した

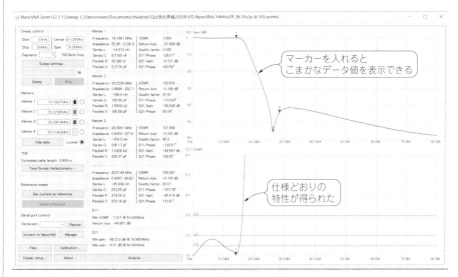

図4-6　NanoVNAで測定しながら調整したLPFのフィルタ特性(S_{21})

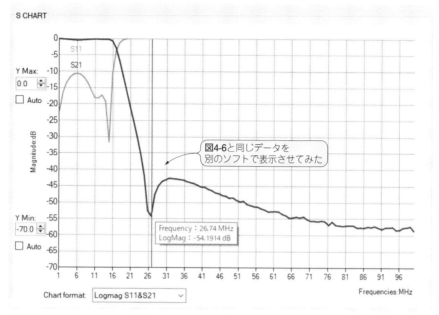

図4-7 NanoVNA v1.01で見たLPFのフィルタ特性(S_{21})

4-3 狭帯域フィルタの測定

■ クリスタル・フィルタとメカニカル・フィルタ

中間周波数用の帯域フィルタであるクリスタル・フィルタとメカニカル・フィルタの伝搬係数(S_{21})を測定します(**写真4-7**).これは少し工夫をしないと正確に測定できません.

通過帯域特性を正確に測定したい場合は,それぞれのフィルタ毎に入/出力端子をインピーダンス整合してから測定しないと正しいフィルタ特性が取れません.

第2章で説明したNanoVNAオプションのRF Demo Kitを使って測定したセラミック・フィルタNo.6とNo.7は,フィルタの前後に300 Ωの整合抵抗が接続されています.

クリスタル・フィルタやメカニカル・フィルタの特性を測定する場合も,まず入/出力端子のインピーダンス整合を取ってから測定します.

入/出力端子のインピーダンス整合する方法はいくつかありますが,フィルタの通過帯域特性を正確に測定したい場合は,**図4-8**のようにフィルタの入/出力端子にL成分また

写真4-7
JRC NRD-93のフィル
タ基板

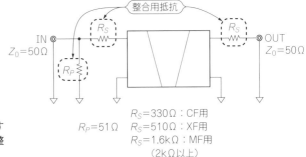

図4-8
X_FのBPF特性(S_{21})を測定す
るにはまずインピーダンス整
合が必要

整合用抵抗

IN
Z_0=50Ω

R_S

R_P

R_S

OUT
Z_0=50Ω

R_P=51Ω

R_S=330Ω：CF用
R_S=510Ω：XF用
R_S=1.6kΩ：MF用
（2kΩ以上）

はC成分を持たない整合抵抗を入れて測定します.

　用意した整合用の抵抗器は，P型1/8Wの330Ω，510Ωおよび1.1kΩの3種類です.

　JRC NRD-93の中間周波数変換部(IF基板上)のフィルタを測定しました(**写真4-7**). 左
からコリンズ製メカニカル・フィルタと，0.3kHz/1kHz/3kHzのクリスタル・フィルタ，
右端の小さいのは6kHzのセラミック・フィルタです.

- 図4-9の薄い線は，BW(Bandwidth：フィルタ通過帯域)が3kHzクリスタル・フィル
  タをインピーダンス整合しなかった場合です. このように通過帯域内でリップル(う
  ねり)が深くなります.
- 図4-9の濃い線は，同じクリスタル・フィルタの入/出力端子を簡易的に整合抵抗
  (510Ω)でインピーダンス整合を取って測定しました. リップルがほとんどなくなり
  整った波形になります. しかし，整合抵抗が直列に接続されているので通過帯域の損
  失が大きくなっています.

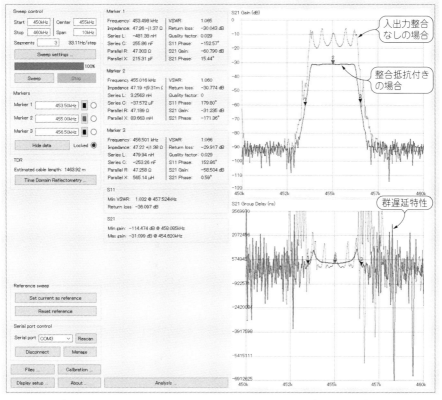

図4-9　薄い線は，*BW*が3kHzのクリスタル・フィルタをインピーダンス整合しなかった場合．濃い線は，同じクリスタル・フィルタの入/出力端子を簡易的に整合抵抗(510Ω)でインピーダンス整合を取って測定した場合

- 図4-10は，手持ちのコリンズ製の*BW*が3.2kHzのUSB用メカニカル・フィルタです．この*BW*は公称3.2kHzですが実測で3.5kHzくらいあります．

メカニカル・フィルタの入/出力インピーダンスは数k～数10kΩです．昔，真空管の無線機は整合なしで，半導体機はメカニカル・フィルタの前後にIFT型のマッチング・トランスが入っていました．

今回は整合抵抗(510Ω+1.1kΩ=1.6kΩ)で整合をとり測定しました．整合抵抗を2kΩ以上で測定すればもっと整った波形になると思われます．

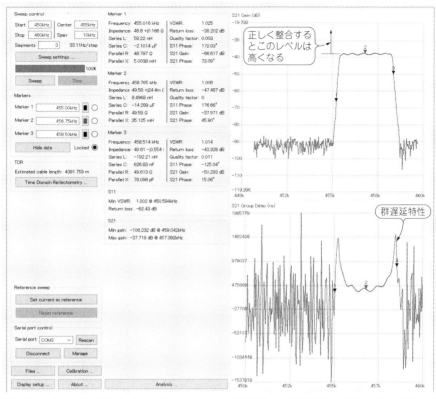

図4-10　コリンズ製455kHzメカニカル・フィルタの特性(S_{21})．整合抵抗を接続して整合を取って測定した

- 図4-9の濃い線，図4-10ともにインピーダンス整合を正しく取ると，ノイズ・フロアは－90dB前後のままで，通過帯域のレベルが，それぞれクリスタル・フィルタで約27dB，メカニカル・フィルタで約36dBとなり，中間周波数用の帯域フィルタとしては良好な特性といえます．

簡易的な方法ですが，同軸ケーブル間に入/出力の整合抵抗を2個直列に接続して通過損失(伝搬係数(S_{21})特性)を調べました(図4-11)．

- 図4-12の細い線は，整合抵抗(510Ω＋510Ω＝1.02kΩ)を直列に入れたときの通過損失が－26.7dBになっています．
- 図4-12の太い線は，整合抵抗(1.6kΩ＋1.6kΩ＝3.2kΩ)を直列に入れたときの通過損

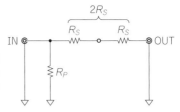

図4-11
同軸ケーブル間に入/出力の
整合抵抗を2個直列に接続し
て通過損失特性(伝搬係数S_{21})
を調べる

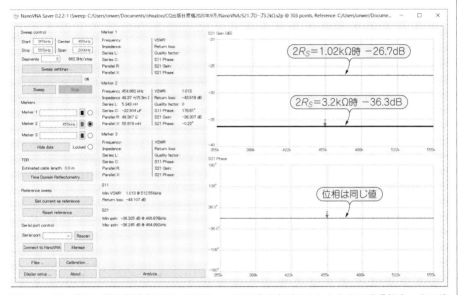

図4-12　細い線は,整合抵抗(510Ω＋510Ω＝1.02kΩ)を直列に入れたときの通過損失.太い線
は,整合抵抗(1.6kΩ＋1.6kΩ＝3.2kΩ)を直列に入れたときの通過損失

　失が−36.3dBになっています.

　このようなフィルタの通過帯域(BW)は,トラッキング・ジェネレータとスペクトラ
ム・アナライザの組み合わせで測定できますが,スカラ測定なので位相特性とか群遅延特
性等は測定できません.

NanoVNAは,このようにベクトル測定ができる優れた測定器です.ラダー型クリ
スタル・フィルタを自作する場合には,フィルタ特性を直視しながら調整できるので
大変有効です.

4-4 同軸ケーブル・トラップ・ダイポール・アンテナの試作と測定

■ W8NXマルチバンド同軸ケーブル・トラップ・ダイポール

同軸ケーブルを利用したトラップ・コイルを作り，NanoVNAで測定してみましょう．

同軸ケーブルで作ったトラップ・コイルを利用したアンテナとして，W8NXマルチバンド同軸ケーブル・トラップ・ダイポール・アンテナが知られています．使えるバンドはおおよそ3.5/7/18/28MHzです（厳密にはアンテナ・チューナを併用しなくてはならないバンドがある）．

このW8NXマルチバンド同軸ケーブル・トラップ・ダイポール・アンテナのトラップ・コイルは，その周波数で共振させて，その先のエレメントを遮断するという働きはしていません．なので厳密にはトラップ・コイルとは言えませんが，身近な材料の同軸ケーブルをうまく活用しており，トラップ・コイルを作る参考になります．

W8NXマルチバンド同軸ケーブル・トラップ・ダイポール・アンテナでは，バンドによってコイル成分として働いたり，コンデンサ成分として働いてマルチバンドのアンテナを実現しています．

ここでは，W8NXマルチバンド同軸ケーブル・トラップ・ダイポールを再現してみます．

また，この同軸トラップ・コイルの構成を応用して，一般的な3.5/7MHzデュアルバンド・ダイポールに使える7MHz付近で同調させた高耐圧仕様のトラップ・コイルを作ります．この調整にNanoVNAを使います．

この同軸ケーブルを使うと，高耐圧のコンデンサを使用しなくても比較的大きな電力に耐えるトラップ・コイルを作ることができます．

出典はARRLの『ANTENNA BOOK（21st Edition）』にある，「W8NX MULTI BAND COAX-TRAP DIPOLES」です．このJA用改良型です（図4-13）．

● W8NXの同軸ケーブルを使用した改良型トラップの特徴

- このアンテナは各エレメントに1個のトラップで4バンドに使用できます（出典はアメリカのハム・バンド用なのでトラップの周波数は5.15MHz）．

図4-13
改良型W8NXマルチバンド
同軸ケーブル・トラップ・
ダイポール・アンテナ

- W8NXタイプの同軸トラップは，同軸のトラップを2本並列に入れて耐圧を高めています．

　つまり，同じ長さの同軸を2本一緒にボビンに巻いて，巻き始めと巻き終わりで接続しています．こうすることで各トラップの電流・電圧と損失がそれぞれ1/2になるので，全体として耐電力が4倍になります．

- 並列共振周波数がハム・バンド外にある

　したがって，ハム・バンドの周波数ではトラップとして並列共振しないので高周波電圧は高くなりません．

　このW8NXマルチバンド・トラップ・ダイポールのトラップは，ARRL Lab testでは1.5kW（PEP）の電力に耐えるとされています．

　図4-14は，この同軸ケーブル・トラップの構造図と等価回路です．何とも魅力的なトラップ・アンテナです．早速，JAバンド用を設計してみましょう（**写真4-8**）．

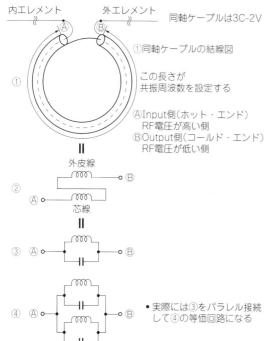

図4-14　W8NX型トラップの構造と等価回路

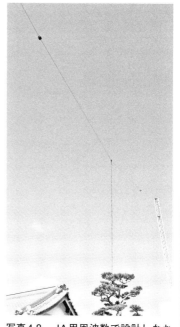

写真4-8　JA用周波数で設計しなおしたW8NX同軸ケーブル・トラップ・ダイポールの全景

(1)「W8NXマルチバンド・同軸ケーブル・トラップ・ダイポール」をJAバンド用に調整して動作を検証する

やみくもにカット&トライしても時間がかかり効率が悪いので，事前にアンテナ・シミュレータMMANA-GALを使ってアンテナの設計値をシミュレーションして，JAバンドでの各エレメント長を求めました．

地上高15mHの水平マルチバンド・ダイポール・アンテナとしてインピーダンス整合も含めて最適化しました．

このようなシミュレーションをする場合，パラメータに優先順位を付けないと絞り込みができません．

- 80mバンドのインピーダンス整合を優先して，内側と外側のエレメント長を調整します．その結果，JAバンド用としては，出典のデータより内側のエレメントが短く，外側のエレメントが長くなりました．

延長コイルで1/2λに共振させているので使用帯域は狭くなります（**図4-15**，**図4-16**）．

- 40mバンドは，共振周波数を7.1MHzにすることを優先させます．このバンドの放射抵抗は100Ω前後になったので，反射器を付けて50Ωにインピーダンス整合させます．このメリットとしてビーム効果が発生します．ビーム方向は固定になるので，給電部の

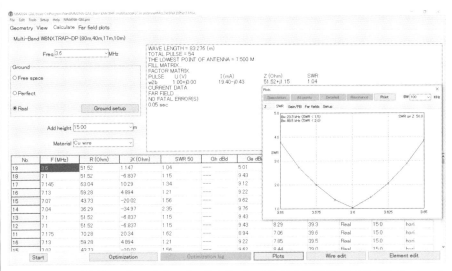

図4-15 W8NX同軸ケーブル・トラップ・ダイポール・アンテナをMMANA-GALでシミュレーションしたときの3.6MHz帯のSWR特性

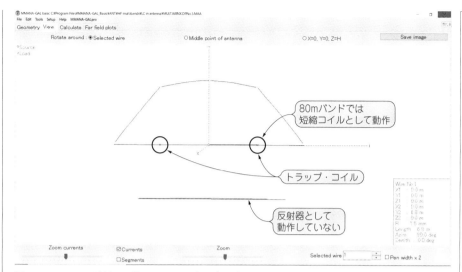

図4-16　W8NX同軸ケーブル・トラップ・ダイポール・アンテナの3.6MHz帯の高周波電流分布のようす．×マークはトラップ・コイルの位置

高さが15m以下の場合はメイン・エレメントに対して水平方向になるようにすると良いでしょう．給電部の高さが15m以上の場合，国内交信用とする場合は，メイン・エレメントの真下に反射器を張ると良いでしょう．

　直列に入れたコンデンサで1/2λに共振させると，スミス・チャート上ではα型のインピーダンス軌跡が小さくなります．これは使用帯域が広がっていることを意味します．

　試した結果では，共振周波数を7.08MHzくらいにしたとき40mバンド全体の平均SWR特性が良くなりました（図4-17，図4-18，図4-19）．

- 17mバンドは，JAバンド用にするとエレメントが相対的に少し長くなり，3/2λの共振周波数が18MHz帯にならず17MHz帯になりました（図4-20，図4-21）．
- 10mバンドは，5/2λの共振周波数が28.5MHz前後になりSWRは3以下程度となります（図4-22，図4-23）．

以上，アンテナ・シミュレータMMANA-GALでシミュレーションして，W8NXマルチバンド・同軸ケーブル・トラップ・ダイポールをJAバンドで使用できるように再設計してみました．

　実際にアンテナを張る条件はそれぞれに異なるので，参考値としてください．図4-24は，MMANA-GALによるシミュレーション後のアンテナ各部の値です．

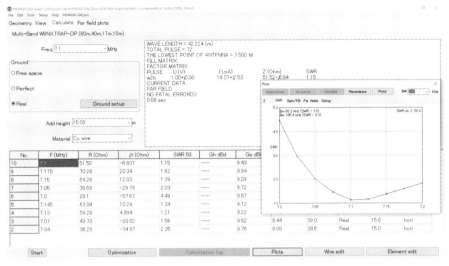

図4-17　W8NX同軸ケーブル・トラップ・ダイポール・アンテナの7.1MHz帯のSWR特性

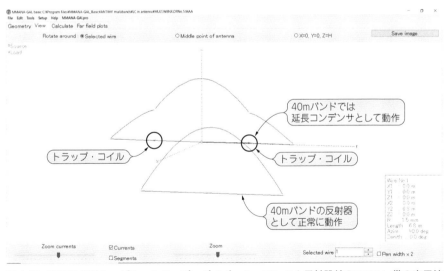

図4-18　W8NX同軸ケーブル・トラップ・ダイポール・アンテナ反射器付の7.1MHz帯の高周波電流分布

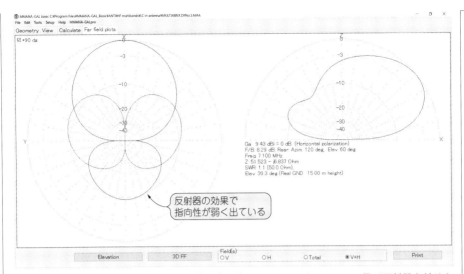

図4-19　W8NX同軸ケーブル・トラップ・ダイポール・アンテナの7.1MHz帯で反射器を付けた場合のシミュレーションのビーム・パターン

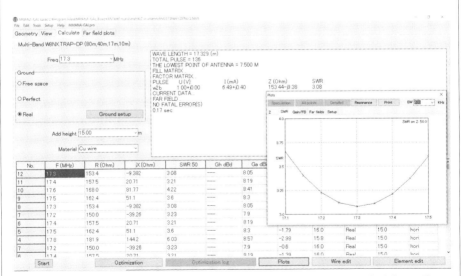

図4-20　W8NX同軸ケーブル・トラップ・ダイポール・アンテナの18MHzの帯域内から外れてしまった17MHz帯でのSWR特性

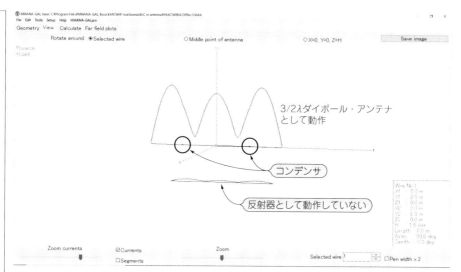

図4-21　W8NX同軸ケーブル・トラップ・ダイポール・アンテナの17MHz帯の高周波電流分布.
×マークにコンデンサが入る

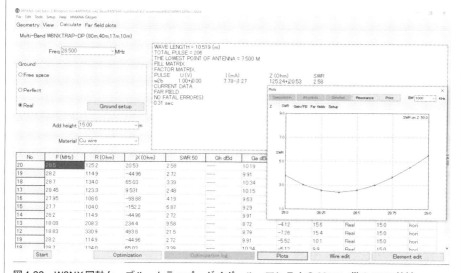

図4-22　W8NX同軸ケーブル・トラップ・ダイポール・アンテナの28MHz帯のSWR特性

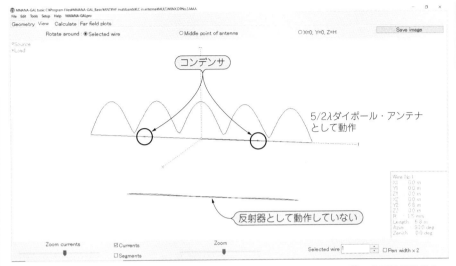

図4-23　W8NX同軸ケーブル・トラップ・ダイポール・アンテナの28MHz帯の高周波電流分布.
×マークにコンデンサが入る

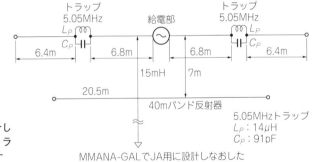

図4-24
MMANA-GALでJA用に設計し
なおした同軸ケーブル・トラ
ップ・ダイポール・アンテナ

● 使用する同軸ケーブルについて

　出典で使用している同軸ケーブルは，75Ω系のRG-59A/Uですが，国内で入手しやす
い75Ω系の3C-2Vで試作しました.

　もっと太い5C-2V以上の同軸ケーブルだと，ケーブル自体が重くて空中にぶら下げるコ
イルの材料には向いていません.

　75Ω系の同軸ケーブルを使用する理由は，

写真4-9　同軸ケーブルの処理
①. 縦方向にカッターを入れて
外被を引き裂き，ニッパで外被
を切り取る

写真4-10　同軸ケーブルの処
理②. 根元の網線を傷つけな
いよう広げる

写真4-11　同軸ケーブルの
処理③. 芯線を引き出す

- 単位長あたりのキャパシタンスが小さい
- 耐電圧が50Ω系より高い

太さが同じなら，75Ω系の同軸ケーブルのほうが耐電力は上です.

- 絶縁体による耐電圧

同軸ケーブル内の絶縁体の素材により耐電力が異なります. 発砲ポリエチレン低損失タイプよりポリエチレンの普通のタイプのほうが耐電力が上です.

以上の3つの理由により3C-2Vを選択しました.

同軸ケーブルでトラップ・コイルを巻くボビンは，排水用の肉厚で頑丈なPVCパイプ（外径3.5インチ≒89mm）を使用しました.

(2)同軸ケーブル・トラップの耐電力を低下させないノウハウ

①写真のように外被網線や絶縁体，芯線を傷つけないように処理します（写真4-9, 写真4-10, 写真4-11, 写真4-12）.

まず，同軸ケーブルの外側に縦に軽く切れ目を入れて外被絶縁体を縦方向に引き裂きます. このとき同軸ケーブルに対して直角にナイフの刃を入れてはダメです.

内部絶縁体のポリエチレンには絶対に傷を付けないようにします. ほんの少しでも傷つ

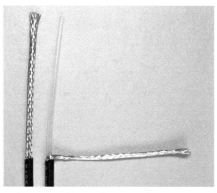

写真4-12　同軸ケーブルの処理④. 網線を直角に整え，根元をホットボンドで固定

写真4-13　PVCパイプに同軸ケーブルを2本同時に巻く

いた場合は，破棄してもう一度作り直します. 完成後にリーク事故が発生してから修理するより賢明です.

　②芯線をよじってはんだづけします. そして，その箇所をホットボンドで固定します.

　③内部絶縁体のポリエチレン被覆の長さは30mm以上を確保します. このポリエチレン絶縁体の外側は，沿面放電を防止するために熱収縮チューブやビニールテープでは覆わないでください. できれば30mm以上をむき出しのままで使用します(**写真4-13**, **写真4-14**).

(3) NanoVNA により伝搬係数(S_{21})を測定して，改良型パラレル同軸ケーブル・トラップの共振周波数を調整

　実態に合った状態で測定できる伝搬係数(S_{21})測定をします. 信号のレベルは不問で，前項と同じくノン・リアクティブな整合抵抗(プローブ)方式で行います.

　写真4-15のようにコイルを空中にぶら下げて共振周波数を測定します. この状態で5.06MHzに共振していることがわかります.

　トラップの共振周波数は，コイルに使った同軸ケーブルの外被網線の長さで決まります.

　同軸ケーブルの処理は，ボビンにコイル状に巻いても，同軸ケーブル・バランのように大きいループ状に巻いても構いません(**写真4-16**, **写真4-17**, **写真4-18**).

> 試作では，同軸ケーブルの長さが同じなのに，コイル状に巻いたほうがほんの少し0.7%ほど並列共振周波数が高くなりました(**図4-14**).

共振周波数は
5.05MHz

写真4-15
NanoVNAで共振周波数
を調べる

写真4-14　完成したトラップ・コイル

写真4-16　ループ状に巻いた
同軸ケーブル・トラップの共
振周波数を測定

写真4-17　手前が給電部側. 2mmのIV線でエレメント取り付
け部を作る. 空中でコイルが回転するのを抑えるために, パイ
プの中心より少しずらした位置にエレメントを取り付ける

　シングル巻きで調整した同軸ケーブル・トラップを2本同時(パラレル接続)に巻くと並
列共振周波数は, 約5.6%低くなりました.

　同軸ケーブルを2本同時に巻くときは, パラレル接続の状態で共振周波数を調整する必
要があります.

写真4-18
2個仕上がったパラレル巻きトラップ(5.05
MHz). H(給電部)側に内エレメント線, C側
に外エレメント線を接続する

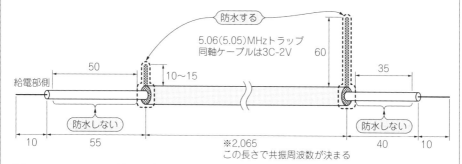

図4-25　5.05MHz用同軸ケーブル・トラップの寸法(mm). これを2本並列接続する

● W8NX マルチバンド同軸ケーブル・トラップ・ダイポールのトラップ製作

　図4-25の寸法で3C-2Vを加工します.

　この同軸ケーブル・トラップは, 使用する高い方の周波数に並列共振周波数を合わせる
方式ではなくて, 5.05MHzという中値半端な周波数で設計します. これは「W8NXマルチ
バンド同軸ケーブル・トラップ・ダイポール」の大きな特徴です.

　• 並列接続の効果

と

　• 並列共振周波数がハム・バンド外にある

ことにより, ハム・バンドの周波数ではトラップとして並列共振しないで高周波電圧は高
くなりません.

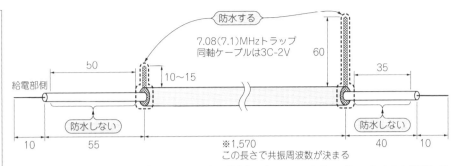

図4-26　7.1MHz用同軸ケーブル・トラップの寸法[mm]．1つのトラップにこれを2本並列に接続して使う

写真4-19　7.1MHzトラップの穴開けのようす

写真4-20　改良型W8NX同軸ケーブル・トラップ，（上）5.1MHz，（下）7.1MHz用同軸ケーブル・トラップ

● 一般的な3.5/7MHzデュアルバンド・ダイポール・アンテナのトラップ・コイルの製作

　W8NXマルチバンド同軸ケーブル・トラップ・ダイポール・アンテナのトラップ・コイルの構造をマネして，3.5/7MHzデュアルバンド・ダイポール・アンテナ用のトラップ・コイルを作ってみましょう．身近な部品で高耐圧が期待できます．図4-26の寸法で3C-2Vを加工します．

　トラップは使用する高いほうの周波数に並列共振周波数を合わせる従来型のトラップです．3.5/7MHz用なのでトラップ・コイルの共振周波数は7.10MHzを目標にします．

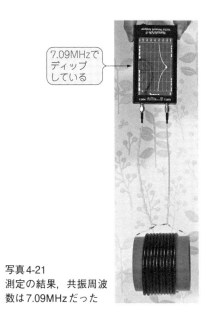

写真4-21
測定の結果，共振周波
数は7.09MHzだった

　写真4-19は，7.1MHz同軸ケーブル・トラップ用のPVCパイプ（外径3.5インチ≒
89mm）ボビンです．3C-2Vの外径が約5mmあり，写真の位置に穴を4カ所開けます．穴
は5mmのドリルでボビンに直角に開けてから，ドリルを回転させながら巻き込み方向に
穴を広げます（写真4-20）．

- 写真の上が5.05MHz用のトラップです．ボビンの長さは10cmで6回と3/4巻きまし
  た．

　写真のようにエレメントの取り付け位置は，ボビンの回転防止のために中心より少しズ
ラします．

- 下が7.1MHz用のトラップです．ボビンの長さ9cmで5回巻きました．

　写真4-21は，7.09MHzに共振しています．

● W8NXマルチバンド同軸ケーブル・トラップ・ダイポール・アンテナの測定

　NanoVNAでインピーダンス特性（S_{11}）を測定しながら調整します．

　3.5/7MHzの周波数帯域を測定することになるので，測定用の同軸ケーブル長は3.6MHz
の$\lambda/2$と，7.1MHzの1λの長さの同軸ケーブルを共用します．これは約42m×同軸ケーブ
ルの短縮率の長さになります．

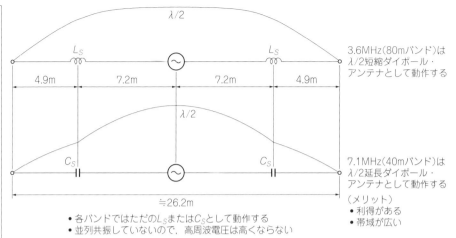

- 各バンドではただのL_SまたはC_Sとして動作する
- 並列共振していないので，高周波電圧は高くならない

図4-27 80mバンド〜40mバンドのアンテナ部の等価回路

● **W8NX マルチバンド同軸ケーブル・トラップ・ダイポール・アンテナの調整**

トラップの共振周波数を調整したあとは，

- 内側のエレメント長の調整
- 外側のエレメント長の調整

を繰り返してアンテナの共振周波数を調整します．

これからがこのアンテナの調整が難しいところです．トラップ・コイルの並列共振周波数である5.05MHz（JA用バンド）より低い周波数では，トラップ・コイルの等価（L_P）成分が短縮コイル（L_S）として動作します．高い周波数では，トラップ・コイルの等価（C_P）成分が延長コンデンサ（C_S）として動作します（図4-27）．

したがって，内側のエレメント長と外側のエレメント長，そしてトラップの共振周波数 = L_PとC_P比率の3つのパラメータで使用できるハム・バンドの周波数が決まります．

4バンド使用を目指す場合は，トラップの周波数も変更する必要があり，パラメータが3つ以上になるので，調整は極めて複雑になります．

80mバンドと40mバンドは相互に影響するのでNanoVNAを駆使して各部の調整を繰り返します．

調整の勘どころは，SWRの値は気にせずに共振周波数を3.6MHzと 7.1MHz付近にする

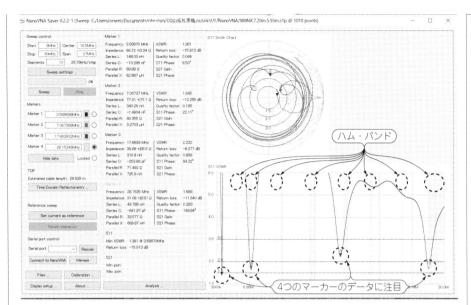

図4-28　NanoVNAで測定した3〜30MHzのSWR特性

ことだけに注目してエレメント長をカット＆トライすることです.

　アンテナ調整時のカット＆トライを8回行いデータを収集してみました.

　シミュレーションは15mH水平型でしたが,実際に仮設した改良型W8NXマルチバンド・トラップ・ダイポールは,片方が17mHでもう一方が11mHの傾斜型ダイポール・アンテナになりました.調整後の各バンドのデータは次のようになりました.

- 80m〜10mバンド内の特性は図4-28のようになりました.
- 80mバンドの特性は,図4-29のようになりました.全長26m程のエレメント長ですが十分に実用になりそうです.

　実際のカット＆トライは,80mバンドと40mバンドともに目的の周波数に共振させなければならなかったので,このようにエレメント長は,シミュレーション値よりオリジナルに近い値になりました.

- 40mバンドの特性は図4-30のようになりました.0.62λ短縮型ダイポール・アンテナとして動作するので0.5λダイポールよりはゲインが高くなります.
- 10mバンドの特性は,図4-31のようになりました.

　試作と実験では,このような結果になりました.SWR特性を見れば80m/40mバンド用

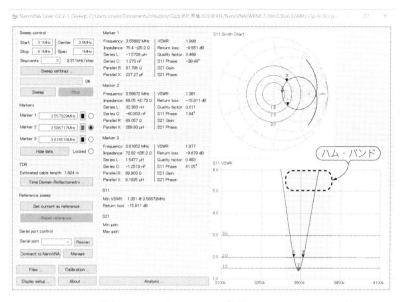

図4-29　NanoVNAで測定した40mバンドのSWR特性．NanoVNAのE.D.で補正してある

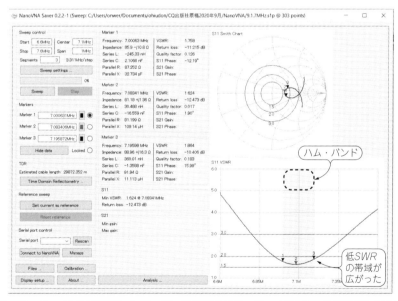

図4-30　NanoVNAで測定した40mバンドのSWR特性．NanoVNAのE.D.で補正してある

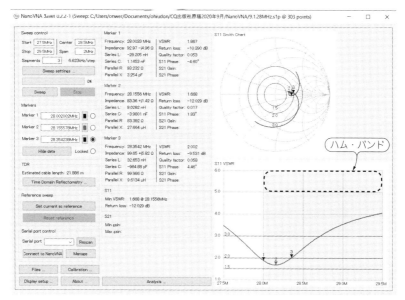

図4-31　NanoVNAで測定した10mバンドのSWR特性．NanoVNAのE.D.で補正してある

として十分に使用できるデータが得られました．

　なお，17mバンドと10mバンドは，そのままでは使用できないのでアンテナ・チューナが必要です．

　共振周波数が目的の周波数帯になれば，個別のバンドでインピーダンス整合を行います．各バンドのインピーダンス特性は，アンテナの地上高と形状等の設置する条件により大幅に変化します．

　インピーダンス整合の方法はいくつか考えられます．その一部を紹介します．

- 75Ω系の同軸ケーブルで給電する．

　ベクトル・ネットワーク・アナライザ（VNA-2180）で75Ω給電をシミュレーションした結果は図4-32のようになるので，極めて良好です．

- 50：72バランで給電する（図4-33）．
- 40mバンドは，反射器を追加して放射抵抗（R_g）を50Ωに下げる（写真4-22）．

　当初のシミュレーションのようにメイン・エレメントの下に反射器を張ると，図4-34のようなインピーダンス特性になりました．

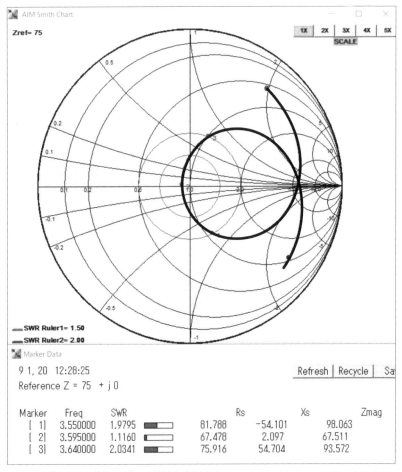

AIM Smith Chart   — □ ×

Zref= 75

1X 2X 3X 4X 5X
SCALE

0.5

0.2

0.1

0.1 0.2

-0.1

-0.2

-0.5

1

-1

SWR Ruler1= 1.50
SWR Ruler2= 2.00

Marker Data

9 1, 20 12:28:25
Reference Z = 75 + j 0

Refresh | Recycle | Sa

Marker	Freq	SWR		Rs	Xs	Zmag
[1]	3.550000	1.9795		81.788	-54.101	98.063
[2]	3.595000	1.1160		67.478	2.097	67.511
[3]	3.640000	2.0341		75.916	54.704	93.572

図4-32 　①75Ω同軸ケーブルで給電した場合をVNA-2180でシミュレーションした

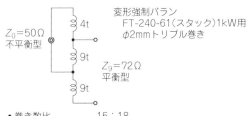

変形強制バラン
FT-240-61（スタック）1kW用
φ2mmトリプル巻き

$Z_0=50\Omega$
不平衡型

4t

9t

$Z_9=72\Omega$
平衡型

9t

図4-33
50：70Ωのインピーダン
ス変換バラン

・巻き数比　　　　　　15：18
・インピーダンス比　　$15^2：18^2＝50：72$

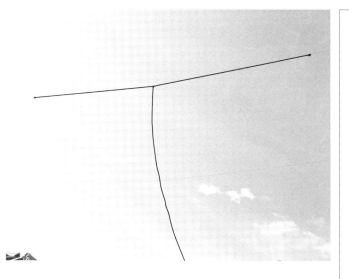

写真4-22
7MHz用の反射器を張
った写真. 国内用なの
で真下か, ビームを出
したい反対側の下方反
射器に張ると良い

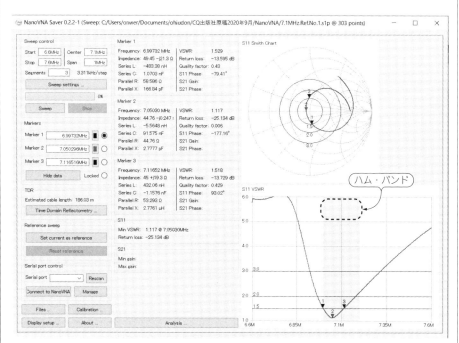

図4-34　写真4-22の状況（反射器付）のSWR特性（補正後）

反射器用エレメントの効果によりシミュレーションどおりの特性が期待できますが，使用周波数帯幅は狭くなります．

設計値では40mバンドの中心周波数は7.1MHzでしたが，私はこの状態を調整の最終としました．

● 一般的な3.5/7MHzデュアルバンド・ダイポール・アンテナの調整

このタイプ2は80m/40mバンド用アンテナなので，次の順で調整を行います．
- 内側のエレメント長をカット＆トライして40mバンド内の希望周波数帯に調整します．
- 外側のエレメント長をカット＆トライして80mバンド内の希望周波数帯に調整します．

4-5　プリアンプの測定

古い430MHzプリアンプ（キット）を組み立てたものです．この伝搬係数(S_{21})特性を測定しました（写真4-23）.

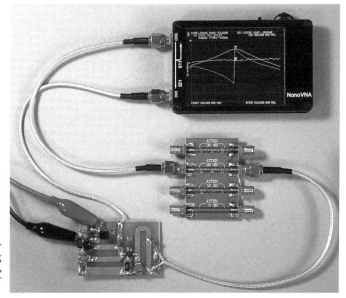

写真4-23
430MHz用プリアンプの伝搬係数(S_{21})バンドパス特性を測定した

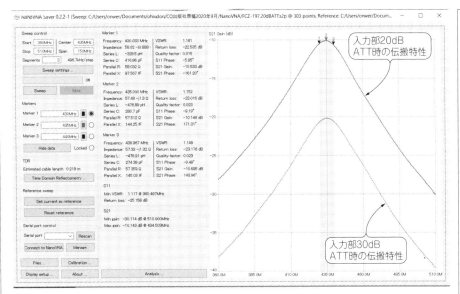

図4-35　濃い線は，プリアンプの入力部に20dBのアッテネータを挿入して測定．薄い線は，プリアンプの入力部に30dBのアッテネータを挿入して測定

　この測定は，入/出力端子が$(Z_o)=50\,\Omega$なので，前後に同軸ケーブルを接続するだけで簡単にフィルタ特性を測定することができます.

　ただし，プリアンプの場合，信号のレベルが低いので，アンプ出力が飽和しないようにアンプ入力にアッテネータを挿入して測定します.

- 図4-35の濃い曲線は，プリアンプの入力部に20dBのアッテネータを挿入した状態の伝搬特性(S_{21})です.
- 図4-35の薄い曲線は，プリアンプの入力部に30dBのアッテネータを挿入した状態の伝搬特性(S_{21})です. このプリアンプの利得は10dB程度です.

　このような能動素子を測定する場合は，上記のように入/出力部でのレベル管理が必要になります. これを怠ると，DUT(Device Under Test；被測定物)側か測定器側が破損する恐れがあるので十分に注意してください.

コラム── **トラップ・コイルのリークによる破損を防ぎ 経年変化を低減させる方法について**

　過去にW3DZZアンテナ等トラップを使用した多バンド・アンテナを製作したOM 諸氏は，並列コンデンサの破損や，どこかがリーク(アーク放電)して焦げてしまった 経験があると思います.

　沿面放電という物理現象が大きな原因になっている場合が多くあります. この沿面 放電とは，絶縁体の表面に沿って放電することです. 空間に比べて距離が長い場合で も絶縁体の表面をリークすることがあります.

　送電線の碍子がおわんを伏せた形で縦に何段にも重ねた形状をしているのは，雨を 外側に落とすためと沿面距離を取るためです.

　また数キロワット以上の電力を扱う高周波の分野でも，マッチャーを設計する場合 に沿面放電に対処したパーツの加工や実装技術が必要になります. 例えば，テフロ ン・ブロック製の絶縁電極端子でも表面をわざわざ凸凹に(ひだ)加工して沿面距離を 取ります.

　また，プリント基板でも電源回路等では,経年変化とともに基板の表面をリークす ることが知られています.

　ところで，千ボルト[V]以下を扱う分野では，熱収縮チューブとかビニール・テー プによる絶縁処理や固定が当たり前になっています.

　並列共振器型のトラップは，ホットエンド(給電部のある内側のエレメント)側は数 百ワット[W]でも高周波電圧が数千ボルト[V]になることがあります.

　沿面放電は，条件によって発生したりしなかったりしますので，一概には言えませ んが，トラップの絶縁処理に熱収縮チューブ類やビニール・テープによる部品の固定 や防水対策は避けたほうが良いと思われます.

　厄介なことに，絶縁体は雨にぬれれば容易にリークするので，防雨対策は別の方法 を考えるか，運用を控えなければなりません.

NanoVNAを*LCR*メータ
として活用する

NanoVNA でコイル，コンデンサ，抵抗の値を測定してみます．測定するには，NanoVNA 本体の SMA 端子にワニ口クリップなどをつなぎ，その先に測定する部品をつなぎます．測定のためにつなぐ部分を測定用治具と呼びます．

5-1　*LCR*測定用治具(Test Fixture)を作る

　自作した*LCR*測定用治具をNanoVNAに接続すると，HF ～ VHF帯の高精度*LCR*メータとして利用できます．

　NanoVNA本体は，SMA(メス)端子になっています．そのSMA端子に測定用のワニ口クリップや，端子を接続して部品の値を測定します．この測定用のワニ口クリップや端子を測定用治具と呼びます．

　ワニ口クリップを使った測定用治具は，**写真5-1**のように，ワニ口クリップとSMAコネクタを被覆リード線でつないだものです．はんだ付けしやすいのでSMA端子はメス型を使い，SMAオス型-オス型の中継コネクタを間に入れてNanoVNAと接続できるようにしました．これに両端SMAオス型の延長ケーブル(私が購入したときは，NanoVNAに付属していた)を組み合わせれば，機器の奥に実装されたパーツの測定にも使うことができます．

　写真5-2は，測定器テスタ用変換コネクタという商品名で売られていたパーツです．2つのバナナプラグがBNCコネクタにつながっています．これにBNC-SMA変換コネクタでSMAオス型に変換してNanoVNAにつないでいます．

　測定する部品をつなぐ箇所で赤，黒のワニ口クリップの接続点を校正面にしてキャリブレーションすると，この治具として使う部分の(Z_S)残留インピーダンス分と(Y_O)浮遊アドミタンス分をキャンセルできます．これらのパーツは通販で入手可能です．私は秋月電子通商で入手しました．

　また，**写真5-3**のようなチップ部品を載せる台を作ると楽に測定できます．基板のスリットの間にチップ部品を載せて使います．

測定器テスタ用変換コネクタ（BNC↔バナナ）

NanoVNA

変換コネクタ
（SMA-P↔BNC-J）

チップ部品用（自作）

写真 5-1
測定器用コネクタを利用
した測定用治具

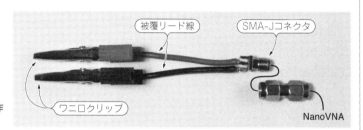

被覆リード線

SMA-J コネクタ

ワニ口クリップ

NanoVNA

写真 5-2
ワニ口クリップで作
った測定用治具

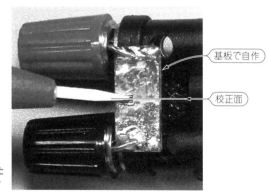

基板で自作

校正面

写真 5-3
100 Ω のチップ抵抗 2 個を並列接続した
基準抵抗（50 Ω）を測定しているようす

5-2 測定用冶具のキャリブレーション

■ キャリブレーションのために設定する周波数帯域

キャリブレーションのための周波数帯域は1〜200MHzに設定しました.

チップ部品の場合は,1〜500MHzに設定して使っています.

注意深くキャリブレーションすれば200MHz位までは使用可能です.

私はSHORT(0Ω),LOAD(50Ω)用としてパッケージタイプTO126の無誘導電力用抵抗器50.0Ω(UHF帯まで使用可,放熱器に装着すればダミーロードになる)を基準抵抗として使用しました.

一般的には,入手しやすい100ΩのP型抵抗器1/8Wを2個並列接続したものもキャリブレーションに使えます.これは実用的に,100MHz位まで使用可能です.

チップ部品は,100Ωチップ抵抗を並列接続して基準抵抗(50Ω)にします.

■ キャリブレーション方法

スミス・チャート上の正規化インピーダンス(0,1,∞)=SHORT(0Ω),LOAD(50Ω),OPEN(∞)の3点でキャリブレーションします.第1章で紹介した方法と同様に行います.

- OPEN(∞)は,赤,黒ワニ口クリップの校正面に何も接続しないでキャリブレーションします(写真5-4).

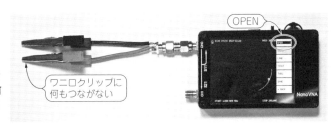

写真5-4
OPEN(∞)は,赤・黒クリップの「校正面」に何も接続しないでキャリブレーションする

ワニ口クリップに
何もつながない

- SHORT(0Ω)は,抵抗器のリード線部を校正面に接続してキャリブレーションします(写真5-5).

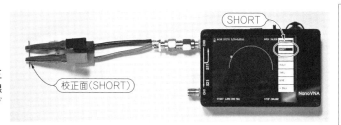

写真5-5
SHORT(0Ω)は，「校正面」に抵抗器のリード線部を接続してキャリブレーションする

• LOAD(50Ω)は，校正面に基準抵抗を接続してキャリブレーションします(**写真5-6**).

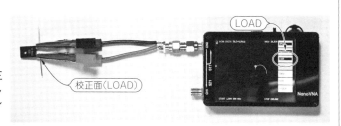

写真5-6
LOAD(50Ω)は，「校正面」に基準抵抗を接続してキャリブレーションする

• ISOLNは，そのままタッチします.

以上は，CH1に(50Ω)ターミネータを接続したままで行います(**写真5-7**).

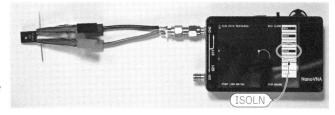

写真5-7
ISOLNは，そのままタッチする

• THRUは，CH0⇔CH1を同軸ケーブルで直接接続してタッチします(**写真5-8**)．DONEをタッチしてから[RECALL #]にSAVEします.

写真5-8
THRUは，CH0⇔CH1を同軸ケーブルで直接接続してキャリブレーションする

(3)正しくキャリブレーションできたことを確認

第1章のp.10と同じように，三角形のマーカーが右端SHORT(0Ω)(**写真5-9**).

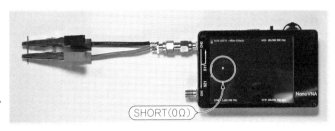

写真5-9
右端SHORT(0Ω)のマ
ーカーを確認する

中央LOAD(50Ω)(**写真5-10**)，左端OPEN(∞)(**写真5-11**)にあることを確認してから
測定を開始します.

写真5-10
中央LOAD(50Ω)のマ
ーカーを確認する

写真5-11
左端OPEN(∞)のマー
カーを確認する

それぞれのポイントで三角形のマーカーだけが表示され，他にインピーダンス軌跡が何
もない状態が正常です．測定する前にこの確認を毎回行います.

以上のキャリブレーションにより，測定用治具の先端が校正面になります.

5-3 測定用冶具を使って*LCR*を測定

NanoVNAのバージョンにより表示が異なるので，おもなポイントで説明します．

詳しくは，それぞれのバージョンのQuick Start Guideを参考にして測定項目を設定します．

本来は，コイル(L)とコンデンサ(C)は，リアクタンス素子なので，それぞれのリアクタンス値($\pm jX$)を測定してインダクタンス(H)やキャパシタンス(F)を求めます．

この場合，[DISPLAY]，[TARCE]と進み，測定項目を設定したい[TARCE No]をクリックしてアクティブにして，[DISPLAY]に戻り，[FORMAT]をタッチして[≧MORE]，[REACTANCE]をタッチして，[≦BACK]を3回タッチして戻ります．

- 指定した[TARCE No]が，$\boxed{\text{CH0 X /100} \pm \text{## Ω}}$ のリアクタンス表示になります．

インダクタンスやキャパシタンスを直接表示させる場合，[DISPLAY]-[MARKER]と進み，[SMITH VALUE]をタッチして，[R+L/C]をタッチし，[≦BACK]を3回タッチして戻ります．

- 指定した[TARCE No]の$\boxed{\text{CH0 SMITH ## Ω ##H，または##F}}$ の直接表示になります．

実用上は，インダクタンスやキャパシタンスが直接表示されるようにして使用します．どちらも，[MARKER]の周波数はインダクタンス／キャパシタンスの値を測定したい周波数にして値を読み取ります．

- 周波数を変化させると，インダクタンス／キャパシタンスの値が変化することがわかります．

■ コイルの測定
● ボビンに巻いたソレノイド・コイル

- NanoVNA本体のみで測定する場合は，少々手間がかかります．

[MARKER]-[SELECT MARKER]-[MARKER #]をタッチし[Marker #]を設定してから順番に表示させて読み取ります．

Marker 1は，

   20.45MHz付近で3.5 μH

と，表示されています．

写真5-12
ソレノイド・
コイルの測定

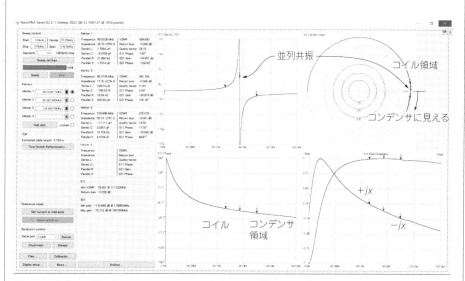

図5-1　ボビンに巻いたソレノイド・コイル(*L*)のインダクタンス(*H*)をNanoVNAで測定

Marker 2は,

38MHz付近で並列共振

しています.

Marker 3は,

60MHz付近で4.28pF

と,表示されています.

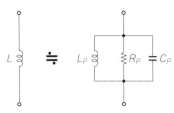

図5-2
コイルの等価回路．巻線
間分布容量等が含まれる

C_P：巻線間分布容量
コイルの等価回路

- スミス・チャート上には，（誘導性）上側の円周上0から右回りにコイルのインダクタンスによる軌跡が表示されています（図5-1，図5-2）．
- リード線を赤・黒クリップする位置を1mmズラしてもインダクタンス値が変わることがわかります．本体の**写真5-12**のMarkerでは，Series L (X_L) は $+j481\,\Omega$ なので，

$$L = \frac{X_L}{\omega}(H) \qquad L = \frac{481}{(2 \times \pi \times 21.086 \times 10^6)} = 2.96[\mu\mathrm{H}] \qquad \cdots\cdots(\text{式}5\text{-}1)$$

- 式5-1により周波数を変化させると誘導性リアクタンス (X_L) は変化します．インダクタンス (H) も周波数を変化させると徐々に変化することがわかります．
- このコイルの場合，38MHzの付近で自己共振しています．この並列共振周波数より高い周波数では，コイルがコンデンサに見えることがわかります．

● このコイルのインダクタンスを別の方法によって調べます

アンテナ・シミュレータMMANAで計算してみましょう．他のシミュレータ・ソフトもほぼ同じ値になります．
- MMANA を起動します（**図5-3**）．
  ［表示］-［オプション］-［空芯コイル］-［計算］-［L を求める］と順次タッチします．

［巻数］	13回
［コイルの直径］	2.1cm
［線の直径］	1.0mm
［巻きスペース］	0.2mm

と入力すると，一番上の［L］に $2.9\,\mu$H と表示されます．
- 各NanoVNAでコイル (L) のインダクタンス (H) を測定した値に近似しています．

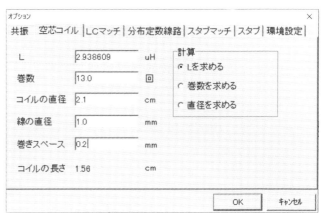

図5-3
コイル(*L*)のインダクタンス(*H*)をMMANAで計算した．実測値に近似した値になった

オプション   ×

共振 空芯コイル LCマッチ 分布定数線路 スタブマッチ スタブ 環境設定

L	2.938609	uH
巻数	13.0	回
コイルの直径	2.1	cm
線の直径	1.0	mm
巻きスペース	0.2	mm
コイルの長さ	1.56	cm

計算
⦿ Lを求める
○ 巻数を求める
○ 直径を求める

OK　キャンセル

● トロイダル・コアに巻いたコイル

Marker 1は，

69MHz付近で1.73nH

と，表示されています(**写真5-13**)．

Marker 2は，

85.4MHz付近で並列共振

しています．

Marker 3は，

105MHz付近で2.07pF

と表示されています(**図5-4**)．

写真5-13
トロイダル・コアに
巻いたコイルの測定

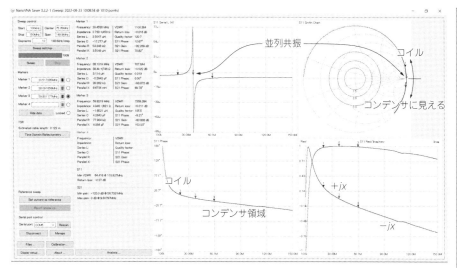

図5-4　トロイダル・コアに巻いたコイルを NanoVNA で測定

- インダクタンスが小さいので，並列共振周波数が高くなっています．

■ 〔101〕表示のディップド・マイカ・コンデンサの測定（写真5-14）

Marker 1は，

21.05MHz付近で129pF

と，表示されています．

Marker 2は，

53.4MHz付近で直列共振

写真5-14
ディップド・
マイカ・コン
デンサの測定

f=21.086MHz
X_C=$-j$58.5Ω

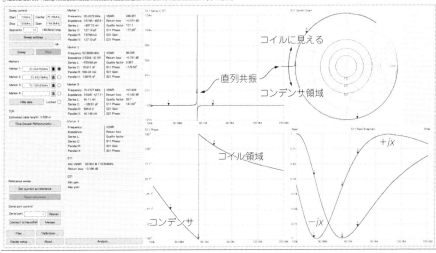

図5-5　ディップド・マイカ・コンデンサのキャパシタンス測定

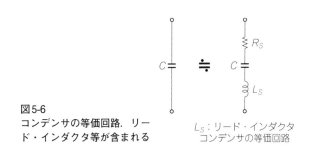

図5-6
コンデンサの等価回路．リー
ド・インダクタ等が含まれる

L_S：リード・インダクタ
コンデンサの等価回路

しています．

　Marker 3は，

　　70MHz付近で 36.4nH

と表示されています．

- スミス・チャート上には，（容量性）下側の円周上∞から右回りにコンデンサのキャパシ
  タンスによる軌跡が表示されています（**図5-5**，**図5-6**）．
- **写真5-14**の本体のMarkerでは，Series $C(X_C)$ は $-j58.5\,\Omega$ なので，

$$C = \frac{1}{\omega X_C}(F) \qquad C = \frac{1}{(2 \times \pi \times 21.086 \times 10^6 \times 58.5)} = 129[\mathrm{pF}] \qquad \cdots\cdots(式5\text{-}2)$$

- 式5-2により周波数を変化させると容量性リアクタンス(X_C)は変化します．キャパシタンス(F)も周波数を変化させると徐々に変化することがわかります．

- コンデンサも，特定の周波数で自己共振することがあります．この直列共振周波数より高い周波数では，コンデンサがインダクティブ(コイル)に見えることがわかります．

■ HF用アンテナ・チューナに実装されたコイルとバリコンの測定

　測定するアンテナ・チューナは，KURANISHIのNETWORK TUNER NT-616型です．このアンテナ・チューナの仕様は，周波数が1.9～50MHzまでの10バンドで，最大通過電力は200Wです．

- ワニ口クリップの治具を使って測定します．この場合，実装されたままなのでリード・インダクタンス(配線部のインダクタンス分)やストレー・キャパシタンス(浮遊容量分)を含めたままで測定するので，実態に合ったLCの値を測定できます．

　入/出力コネクタは何も接続しないで，回路図と実装状態を十分に検証して，測定ポイントを決めます．また，バンド・スイッチの位置も測定に影響を与えない位置にします．

- 素子単体として，コイルのインダクタンスや，バリコンのキャパシタンスの変化を測定したい場合は，回路図を調べて一部の配線を取り外すことが必要になります．

　写真5-15は，**図5-7**の⑩点に赤クリップ，⊜点に黒クリップを接続したものです．

写真5-15
アンテナ・チューナの内部に
NanoVNAを接続して各部を
測定した

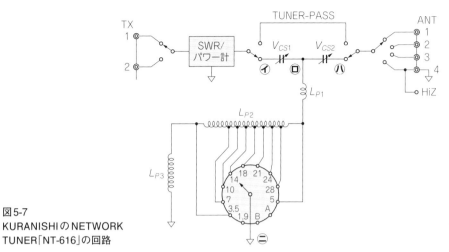

図5-7
KURANISHIのNETWORK
TUNER「NT-616」の回路

表5-1　アンテナ・チューナのコイルとV_cの値をバンドごとに測定した

Band	L_P[μH]	V_{C1}[pF]	V_{C2}[pF]
1.9	35.8	13.6 ~ 151	10.8 ~ 152
3.5	9.18	11.0 ~ 151	11.2 ~ 152
7	3.4	11.6 ~ 153	11.4 ~ 153
10	1.95	11.3 ~ 155	11.4 ~ 154
14	1.36	11.3 ~ 158	11.3 ~ 157
18	1.19	11.4 ~ 162	11.2 ~ 158
21	0.87	11.1 ~ 167	11.3 ~ 163
24	0.64	11.4 ~ 174	11.5 ~ 169
28	0.46	11.4 ~ 187	11.5 ~ 178

クラニシのNETWORK　TUNER「NT-616」の
データ
- V_cの定格は10 ~ 150pF．概略値がわかれ
ば良いので有効桁数は2桁
- リード・インダクタやストレー・キャパ
シタを含んだ値

　この状態で，バリコンの影響を最小限にするために各バリコンの容量は最小にして，各
バンドのインダクタンスを測定します．
- バリコンのキャパシタンスの最小値～最大値を測定します．
　実装された状態でのキャパシタンスの最小値と最大値を測定する場合は，㋑点と㋺点
間，㋺点と㊁点間を測定します．
　バンドごとに測定しますが，バンド・スイッチは測定する周波数に設定してから測定し
ます．バンドによって，バリコンのキャパシタンスの最小と最大の値が，高い周波数では，

回路図の定数から大きく離れていることがわかります．このことから，ストレー・キャパシタンスやリード・インダクタンスの影響が大きいことがわかります．

　各バンドの整合範囲をシミュレーションする場合，この状態の値を使用します．

　表5-1は，実測した結果をまとめた表です．

- 素子単体としてバリコンのキャパシタンスの最小値と最大値を測定する場合は，[TUNER PASS]にして**ⓓ**点を切り離してから行います．

5-4　HF用アンテナ・チューナの整合範囲をスミス・チャート上で確認する

　NanoVNAはスイープを約1秒毎に繰り返しています．スイープの軌跡を止めたままにできません．

　このチューナのバリコンは，ダイヤル直結で回せるタイプなので一瞬で半回転できます．

　そこで，一気にバリコンのダイヤルを回してみました．するとNanoVNA本体のみで測定した場合は，スクリーンに一瞬だけインピーダンスの軌跡が見えました．

　データとして保存しておきたい場合は，NanoVNAをPCに接続して，測定用アプリケーション・ソフトで画面上に残すことができます．ただし，設定と操作はとてもクリチカルです．

- まずNanoVNA本体の周波数設定は，[CENTER]に測定する周波数を入力して，[SPAN]に1kHzを入力します（※1kHzと極端に狭くすることがミソ）．
- 表5-2のように，2つのバリコンの最小値と最大値の組み合わせが4組あるので，それぞれのインピーダンス値とスミス・チャート上の位置をあらかじめメモしておきます．
- スミス・チャート上にインピーダンス軌跡を残すためには，ソフトの[Segments]は1で[Sweep]をクリックと同時にバリコンのダイヤルを90度転回させます．

　ただし，クリックとダイヤルを回転させるタイミングが難しいので，スミス・チャート上に回転にともなうインピーダンス軌跡の円弧がきれいに書けるまで何回もチャレンジす

表5-2　図5-7のアンテナ・チューナの整合範囲をNanoVNAで測定したときのVC_{S1}とVC_{S2}のバリコン操作手順．結果は図5-10

ポイント	VC_{S1}	VC_{S2}	インピーダンス	備　考
①	最小	最小	$Z_1 = 3.59\,\Omega - j\,212\,\Omega$	(A)
②	最小	最大	$Z_2 = 4.56\,\Omega + j\,79.1\,\Omega$	(B)
③	最大	最大	$Z_3 = 69.4\,\Omega - j\,76.2\,\Omega$	(C)
④	最大	最小	$Z_4 = 5.81\,\Omega - j\,214\,\Omega$	(D)

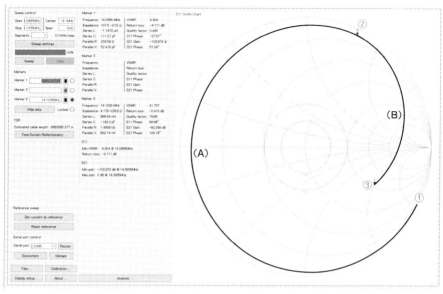

図5-8　測定（その1）アンテナ・チューナの整合範囲の一部

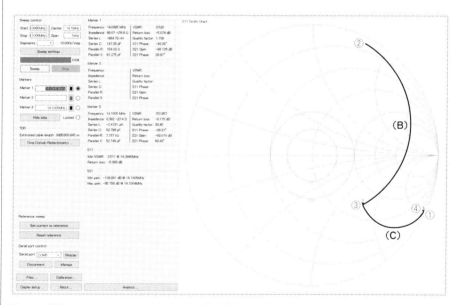

図5-9　測定（その2）アンテナ・チューナの整合範囲の一部

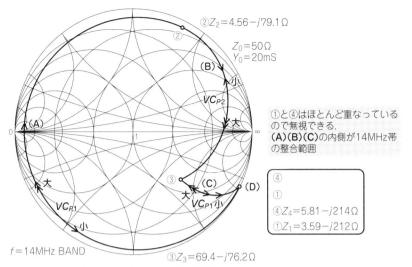

図5-10　その1とその2を合成すると整合範囲がわかる

るする気持ちが必要です.

- 各図のように，ひとつ前のデータを残したままで新しく上書きするためには，[Reference sweep]の[Set current as reference]を設定しておいて，[Sweep]をクリックします. 図5-10がインピーダンスの軌跡です. これは，図5-8と図5-9を合成したものです. インピーダンス軌跡内が14MHzバンドの整合範囲です.

業務などで使われる上級クラスのベクトル・ネットワーク・アナライザなら，特別の設定や操作は必要なく，楽にチューナの整合範囲をスミス・チャート上に描けますが，NanoVNAでも工夫すればこのような結果を得ることができます.

コラム ── エアーダックス・コイルとL-f-Cチャート

　私と同世代の方々がアマチュア無線を始められた時代は，真空管で短波のAM送信機を自作して電波を出していました．

　私は，受信機に2バンド・ラジオ(中波と短波3 〜 10MHz)を使っていました．

　送信機は3.5MHzと7MHz，出力は5 〜 10W機，アンテナは竹竿を利用してダイポール・アンテナを張っていました．3.5MHzの送信機はFT-243を使い，水晶発振子が2個しかありませんが，それでも当時は交信を十分楽しめました．

$$f = \frac{1}{2\pi\sqrt{LC}}$$

　当時，私たちはこの公式を知っていても，周波数を決定するコイルとコンデンサの値を調べる手段を持っていませんでした．ちなみに，私は中学2年生の(昭和38年)秋，近所の青年(JA5HC)に，この公式の解き方(開平計算法)を教えてもらって国試に合格しました．

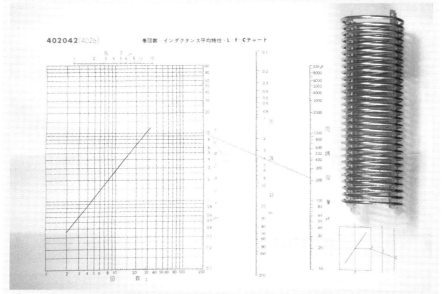

写真コラム5-1　トヨムラのエアーダックス・コイル(402042)．数字はコイルの直径は40mmで，巻き線径2.0mm，巻き線ピッチは4.2mmという意味．L-f-Cチャートが付いていて，電卓で計算するより圧倒的に早く各数値が読み取れるので，当時は大変重宝した

NanoVNAのメニュー

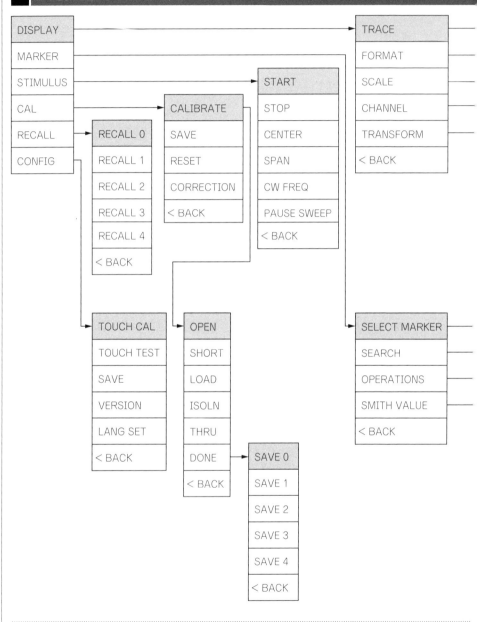

DISPLAY
MARKER
STIMULUS
CAL
RECALL
CONFIG

RECALL 0
RECALL 1
RECALL 2
RECALL 3
RECALL 4
< BACK

CALIBRATE
SAVE
RESET
CORRECTION
< BACK

START
STOP
CENTER
SPAN
CW FREQ
PAUSE SWEEP
< BACK

TRACE
FORMAT
SCALE
CHANNEL
TRANSFORM
< BACK

TOUCH CAL
TOUCH TEST
SAVE
VERSION
LANG SET
< BACK

OPEN
SHORT
LOAD
ISOLN
THRU
DONE
< BACK

SAVE 0
SAVE 1
SAVE 2
SAVE 3
SAVE 4
< BACK

SELECT MARKER
SEARCH
OPERATIONS
SMITH VALUE
< BACK

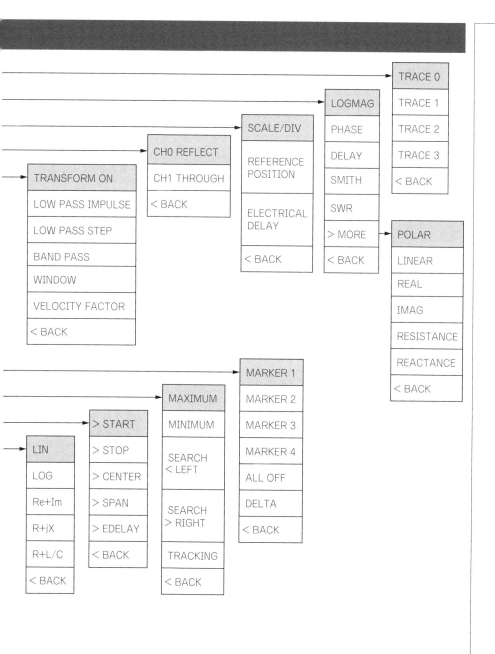

── クイックガイド ──
NanoVNA本体の操作方法

- NanoVNAのおもな操作手順をまとめました．1ポートだけで測定する反射係数(S_{11})モードでよく使用される項目を重点に基本操作を説明します(タッチ・ペンが使いやすい)．
- 2ポートで測定する伝搬係数(S_{21})モードは，各章の説明を参照してください．

マルチレバー・スイッチの使い方

　p.110 ～にNanoVNAの全メニューを掲載しました．

　マルチレバー・スイッチ，または，タッチ・パネルで操作しますが，操作性は，それぞれに長短があるのでその都度に使い分けてください．

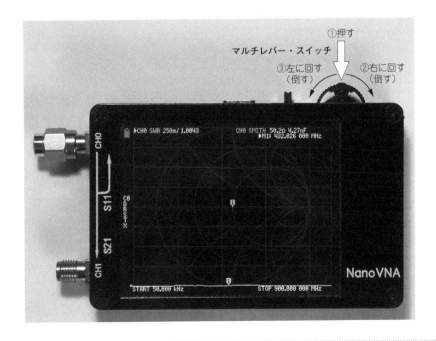

① スイッチをプッシュ　画面の右側にスタート・メニューが表示される.

② スイッチを右に回す　下方向に下がりメニューを選択できる.

　　最上下段で右に回す　メニュー選択を終了してタグが消える.

③ スイッチを左に回す　上方向に上がりメニューを選択できる.

　　最上上段で左に回す　メニュー選択を終了してタグが消える.

④ 決定したいメニューをプッシュ　[Quick Strat]のメニュー表の各タグに移行する.

⑤ BACKをプッシュ　1つ前のメニューに戻る.

タッチ・パネルの使い方

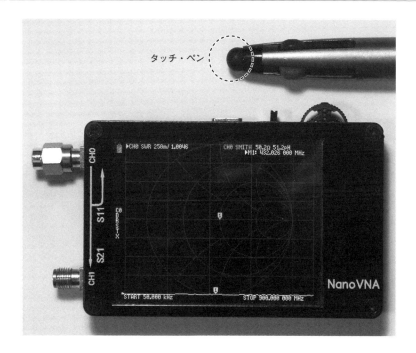

タッチ・ペン

①スクリーンをタッチ　画面の右側にスタート・メニューが表示される.

②メニューをタッチ　[Quick Strat]のメニュー表に移行する.

③[< BACK]をタッチ　1つ前のメニューに戻る.

④ タグ以外の面をタッチする. タグが消える.

STARTメニュー

■ NanoVNAの表示パネルに，初期画面として表示される項目

2ポートで伝搬係数(S_{21})を測定する場合は，このままでOKですが，1ポートだけで反射係数(S_{11})を測定する場合，伝搬係数(S_{21})の表示項目は不要なので消します．

下記の，この2項を参照してください．

- TRACE　伝搬係数(S_{21})表示を消す方法．または，
- CHANNEL　伝搬係数(S_{21})表示を反射係数(S_{11})に変更する方法．

■ NanoVNAの表示パネルに，初期画面として表示される項目

(a) 黄色[▷ CHØ LOGMAG 10dB/ − 36.02dB]　＼

(b) 緑色[CHØ SMITH 51.6 Ω 116pH]　　　　　＼ CHØは，反射係数(S_{11})の表示

(c) 青色[CH1 LOGMAG 10dB/ − 64.96dB]　＼

(d) 紫色[CH1 PHASE 90° /114.5°]　　　　　＼ CH1は，伝搬係数(S_{21})の表示

(e) 白色[▷ M1:432.026 000MHz]は，MARKER 1の表示

　※▷マークは，この項目がアクティブ状態ということを示す

DISPLAYメニュー

■ メインメニュー

　表示画面をタッチ または， マルチレバー・スイッチの①押す と先頭 DISPLAY の メインメニュー画面 が表示されます．

　一番上 [DISPLAY] をクリックすると， TRACE が表示されます．

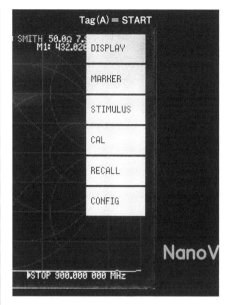

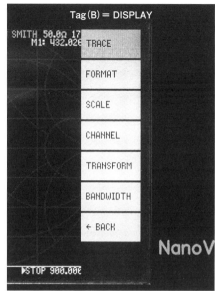

■ TRACE

伝搬係数 (S_{21}) 表示を消す方法

　NanoVNA本体の初期設定では，パネルに4項目が同時に表示されるので，各種グラフやチャートが重なって見づらいことがあります．不必要な表示項目を消す方法を説明します．（タッチ・ペンが使いやすい）

　①$\boxed{\text{TRACE}}$をタッチすると，$\boxed{\text{TRACE Ø} \sim \text{TRACE 3}}$と$\boxed{\text{BACK}}$が表示されます．

　②表示を消したい色の$\boxed{\text{TRACE No.\#}}$をタッチすると色が消えOFFになります．

　※もう一度タッチすると，色が付きON（アクティブ）になります．

　③$\boxed{\text{BACK}}$-$\boxed{\text{BACK}}$しSTARTに戻り，$\boxed{\text{パネルの余白}}$をタッチして表示を消します．

　※単に$\boxed{\text{パネルの余白}}$をタッチして表示を消した場合，次にパネルをタッチすると，①の画面に戻ります．

■ FORMAT

TRACE No.の表示項目を変更する

　①前述の$\boxed{\text{TRACE}}$画面から，①②で表示項目を変更したい$\boxed{\text{TRACE No.\#}}$をタッチしてアクティブにします．

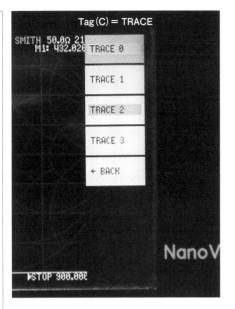
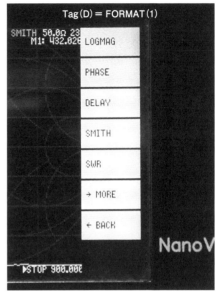

②一旦 BACK をタッチして DISPLAY 画面に戻ります.

③ FORMAT をタッチして，先頭 LOGMAG を表示させます.

① LOGMAG 画面で →MORE をタッチすると先頭 POLER 画面が表示されます.

②表示を変更する項目をタッチします.

③ BACK - BACK しメインメニューに戻り，パネルの余白 をタッチして表示を消します.

■ SCALE

スケール等の目盛りの変更方法

表示項目の[SCALE/DIV]目盛りや[ELECTRICAL DELAY]等測定用同軸ケーブルの遅延時間を変更する方法です.

①メインメニュー画面から SCALE をタッチしてスタートします.

② SCALE/DIV をタッチしてグラフの DIV 目盛りを変更します.

③同様に，ELECTRICAL DELAY をタッチして，同軸ケーブルの遅延時間を設定します.

※この機能は[スミス・チャート上の軌跡を回転させる]ために使用します.

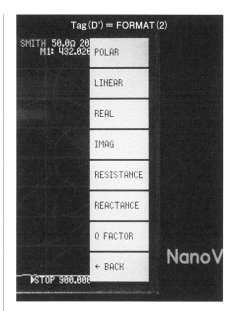

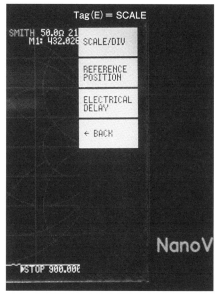

■ CHANNEL
伝搬係数(S_{21})の表示を反射係数(S_{11})に変更する方法

①タグ(A) START →タグ(B) DISPLAY → TRACE → TRACE No.

ON(アクティブ)になると，パネル上のその色の項目の前に▷マークが付く．

② BACK 　1つ前のタグ(B)に戻る．

③タグ(B) DISPLAY の CHANNEL → CH0[REFLECT 　反射係数(S_{11})に変更される．

■ TRANSFORM
同軸ケーブルの短縮率などの設定方法

TRANSFORM の一番下の項目の VELOCITY FACTOR について説明します．

機能に関しては，第4章〔4-4-1〕の(1)(B)のNanoVNAのTDR機能により，同軸ケーブルの長さ測定する方法を参照してください．同軸ケーブルの実効長が測定できます．

※VNAには，TDR(Time Domain Reflectometry；時間領域反射率測定)機能があり，時間が横軸になります．

①メインメニューから， DSIPLAY - TRANSFORM とタッチ．

② VELOCITY FACTOR をタッチして数値入力します．

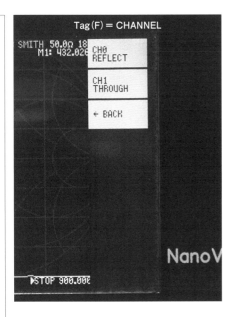

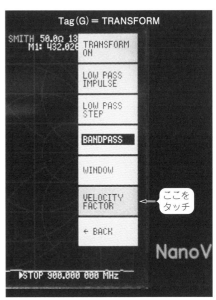

③ BACK で戻ります.

MARKERメニュー

■ MARKERマーカーのON/OFF

MARKER No.# を追加したり消したり, 表示項目を変更します.

① メインメニュー画面から MARKER をタッチして SELECT MARKER を表示させます.

■ SELECT MARKER

NanoVNA本体では, 4個まで MAEKER No.# を表示できます.

① メインメニュー画面に戻り, FORMAT をタッチして表示項目を設定します.

■ SMITH VALUE

スミス・チャート数値の表示方法を変更します

① メインメニュー画面から MARKER をタッチして SELECT MARKER を表示させま

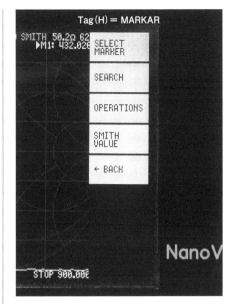

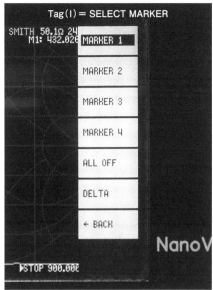

す.

②[SMITH VALUE] をタッチして先頭[LIN]を表示させます.

③[R+jX] (リアクタンス表示)と [R+L/C] (インダクタンス/キャパシタンス表示)を選択します.

④[BACK] - [BACK] してメインメニューに戻り, [パネルの余白] をタッチして表示を消します.

STIMULUS メニュー

■ STIMULUS

測定する周波数帯の設定

①メインメニュー画面から [STIMULUS] をタッチして先頭 START を表示させます.

②[START]/[STOP] または, [CENTER]/[SPAN] に測定したい周波数帯を入力します.

③例えば, 2メーターバンドを測定したい場合は, [CENTER] に [1][4][5][M] と入力します. 数値入力に間違った場合, [←] をタッチすれば元に戻ります.

④[SPAN] に [3][0][M] と入力すると 130 ～ 160MHz 帯が設定されます.

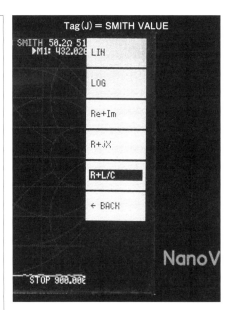

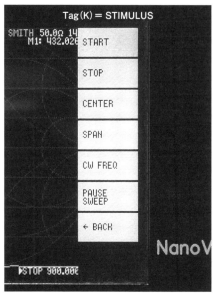

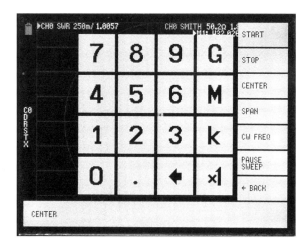

※START周波数(130MHz)とSTOP周波数(160MHz)を入力しても同様に設定できます。

⑤ BACK - BACK してメインメニューに戻り、パネルの余白 をタッチして表示を消します。

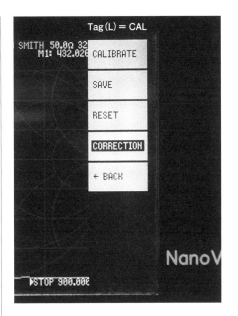
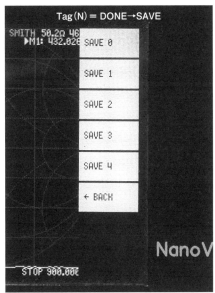

キャリブレーションの手順(CALメニュー)

■ CALIBRATE

①メインメニューから STIMULUS - START - CAL - RESET - CALIBRATE とし
て，その後の操作は，第1章のキャリブレーションを参照してください.

■ DONE(SAVE)

キャリブレーションしたデータを保存する

① OPEN~THRU までのキャリブレーション手順が終わり， DONE をタッチすると
DONE→SAVE 画面に移行します.

②保存したい SAVE No.# をタッチして保存します.

③ BACK - BACK してメインメニューに戻り， パネルの余白 をタッチして表示を消
します.

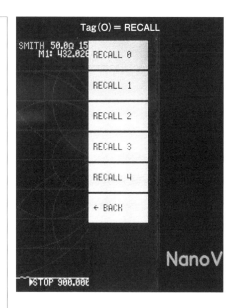
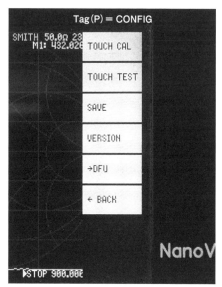

キャリブレーション設定の読み出し(RECALLメニュー)

■ RECALL

保存しているキャリブレーション設定を読み出す

①スクリーンをタッチすると画面が表示されます.

②メインメニューから RECALL をタッチ,読み出したい RECALL # をタッチします.

③ BACK してメインメニューに戻り, スクリーンの余白 をタッチしてタグ表示を消します.

その他の設定(CONFIGメニュー)

■ CONFIG

画面の補正

① メインメニュー画面から CONFIG - TOUCH CAL と TOUCH TEST でタッチ・スクリーンのキャリブレーションとテストを行うことができます.

② スクリーンの角 をタッチし,表示に従って各部をタッチすると完了します.

おわりに

NanoVNAは，1ポートだけ使用してベクトル・インピーダンス・アナライザ(VIA)として反射係数(S_{11})を測定すれば，本書で解説したようにアンテナの調整など大いに活躍します．

また，2ポートを使用しベクトル・ネットワーク・アナライザ(VNA)として伝搬係数(S_{21})を測定すれば，フィルタ特性などが視覚的に確認できるので，製作／調整などに用途が広がると思います．

NanoVNAは，スミス・チャート上の正規化インピーダンス(0, 1, ∞) = SHORT(0 Ω)，LOAD(50 Ω)，OPEN(∞)の3点キャリブレーションを正確にすることにより，大きさや見かけにかかわらず，優れた測定精度を有しているので，$Z_0 = 50$ Ω方向性結合器を信号検出器として測定する旧来型のVNA方式より，スミス・チャート周辺部の測定精度は信号検出の原理上，優れています．

安くて小型でも使い勝手の良い測定器です．工夫すれば，企業の現場や研究室内の粗調整用機器として，また，教室内の教材機器としても十分に使用できると思われます．

ぜひこの機会に，スカラ測定から卒業して，ベクトル測定の世界を体験してみてください．

2023年3月　大井 克己

| 著 | 者 | 略 | 歴 |

大井 克己 （おおい・かつみ）

1967年　JA5COY開局
無線従事者養成課程講師
JARL香川県支部顧問
電波適正利用推進委員（総務省）
香川宇宙開発利用コンソーシアム（香川大学工学部外部組織）
衛星開発設計外部スタッフ（静岡大学工学部）
三豊市少年少女発明クラブ指導員

著書
2006年7月　スミス・チャート実践活用ガイド（CQ出版社）
2015年9月　パソコンでスッキリ！ 電波とアンテナとマッチング（CQ出版社）

特許
特開　平08-139529　　個人
特開　平09-304454　　個人
特許　第5458427号　　（株）アドテック・プラズマテクノロジー
特許　第5991578号　　国立大学法人 香川大学（出願人移行⇒国立大学法人静岡大学）
特開　2021-91297　　国立大学法人 静岡大学

アマチュア無線で大活躍の RF 測定器
NanoVNA 活用ガイド

2023 年 3 月 1 日　初 版 発 行

© 大井 克己　2023
(無断転載を禁じます)

著　者　　大 井　克 己
発行人　　櫻 田　洋 一
発行所　　CQ 出版株式会社

〒 112-8619　東京都文京区千石 4-29-14
電話　編集　03-5395-2149
販売　03-5395-2141

ISBN978-4-7898-4958-6
定価はカバーに表示してあります

乱丁，落丁本はお取り替えします

編集担当者　今 一義
DTP　西澤 賢一郎
印刷・製本　三晃印刷株式会社
カバー・表紙デザイン　千村 勝紀
Printed in Japan